# L'ART

## DE

# FAIRE LE VIN

### AVEC LES

# RAISINS SECS

#### PAR

## Joseph AUDIBERT

Créateur et Promoteur en France de cette Industrie.
Médaillé par M. le Ministre de l'Agriculture et du Commerce
et la Société de Statistique de Marseille

~~~~~~~~~

## 6me ÉDITION

Revue, corrigée et augmentée
renfermant, avec les innovations faites depuis les premières
éditions,
tous les renseignements et documents nécessaires
à cette fabrication,
les Circulaires Ministérielles, de la Régie, les Expériences
célèbres, divers tableaux synoptiques,
des planches et des figures.

### MARSEILLE

MILLAUD, Libraire-Éditeur, rue Noailles

—

## 1881

# L'ART

DE

# FAIRE LE VIN

AVEC LES

# RAISINS SECS

PAR

## Joseph AUDIBERT

Créateur et Promoteur en France de cette Industrie.
Médaillé par M. le Ministre de l'Agriculture et du Commerce
et la Société de Statistique de Marseille

## 6me ÉDITION

Revue, corrigée et augmentée
renfermant, avec les innovations faites depuis les premières
éditions,
tous les renseignements et documents nécessaires
à cette fabrication,
les Circulaires Ministérielles, de la Régie, les Expériences
célèbres, divers tableaux synoptiques,
des planches et des figures.

## MARSEILLE

MILLAUD, Libraire-Éditeur, rue Noailles

—

## 1881

# APPAREIL

Pour l'infusion à chaud des plantes dans l'alcool et le vin.
La fabrication immédiate et sans évaporation d'alcool,
des Bittter, Vermouth, infusions alcooliques,
Vins infusés, bouquetés pour l'obtention d'eaux-de-vie
de Cognac, etc.

---

Système **Joseph AUDIBERT**, Inventeur.

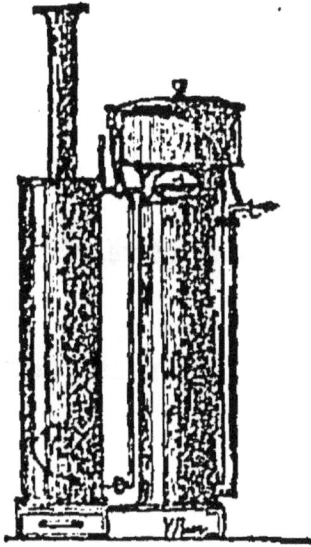

Les appareils sont de différentes grandeurs. Les prix varient suivant les proportions.

Pour toutes demandes d'appareils ou de renseignements s'adresser :

## MAISON JOSEPH-FRANÇOIS AUDIBERT

*8, boulevard Chave, Marseille*

---

SPÉCIALITÉ DE RAISINS SECS DE TOUTES PROVENANCES
FRUITS ET LÉGUMES SECS, DROGUERIE

---

**Importation Directe**

# À LA MÉMOIRE

## DE

# FRANÇOIS AUDIBERT

*Mon noble et vénéré Père*

**Source de toutes mes connaissances**

FABRIQUE DE VINS DE RAISINS SÉCS

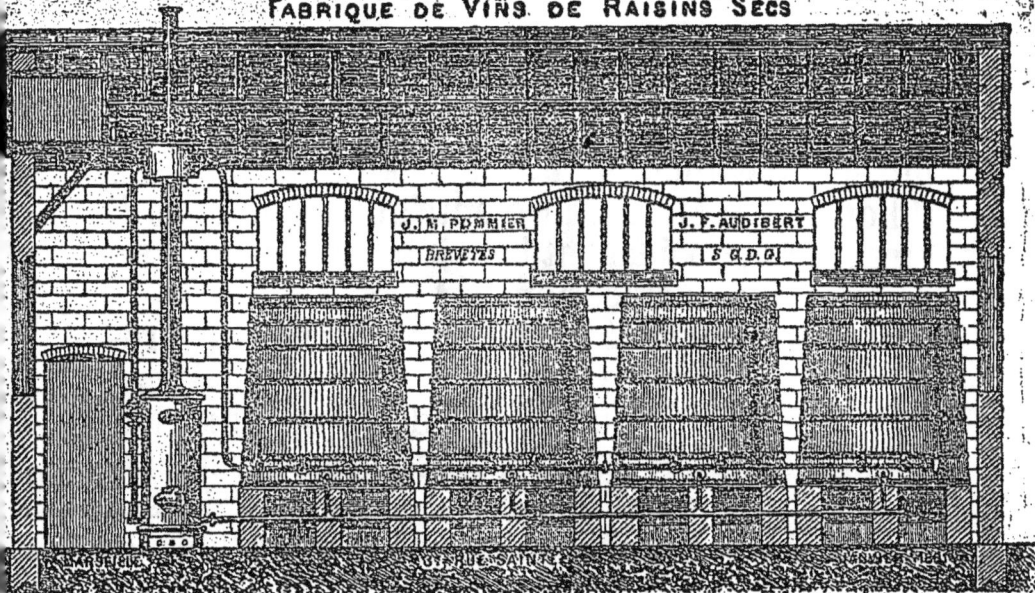

J. M. POMMIER      J. F. AUDIBERT

BREVETÉS      S. G. D. G.

# AVANT-PROPOS
## De la Première Edition parue en 1880

Afin de rendre le jugement de mes lecteurs moins sévère à mon égard en parcourant ce traité, il est essentiel que je leur apprenne à la suite de quelles circonstances il a été fait.

Nul moins que moi ne songeait à devenir auteur.

Au mois de septembre 1879, M. le Ministre de la Justice, ne suivant pas en cela les traces de ses devanciers qui s'y étaient opposés, (l'honorable M. Dufaure entr'autres) lançait la circulaire considérant les vins de raisins secs comme une falsification.

Il m'incombait à moi, de créateur et promoteur en France de cette industrie, d'y répondre. Je le fis par la voie des journaux. Mes réponses eurent un immense retentissement ; et dans la plupart des lettres, trop élogieuses, qui m'arrivèrent de toutes parts, aussi bien de France que de l'étranger, se trouvait émis le même vœu : « Donnez un ouvrage, écrivez un traité pour justifier la fabrication de ce vin, que la science, l'hygiène et la nécessité conseillent, en attendant que les faits, plus puissants que les mesquines coalitions d'intérêt privé, proclament l'excellence et l'impérieux besoin de cette boisson. »

Près de douze cents lettres de ce genre m'arrivèrent dans les huit jours qui suivirent ma première réponse à M. le Ministre.

Devant cette demande spontanée, je considérai comme une obligation d'y accéder, malgré la tâche écrasante dont j'allais assumer la responsabilité. Les encouragements ne me firent pas défaut, et fort de la sympathie dont m'entouraient nos plus illustres savants contemporains, tous prêts à me soutenir si je faiblissais et à appuyer ma modeste œuvre de solides et indestructibles travaux, j'annonçai dans la plupart des organes vinicoles l'apparition de mon traité.

Que de fois n'ai-je pas été sur le point de renoncer à ce travail, en envisageant les difficultés sans nombre que j'avais à franchir ! Que de fois n'ai-je pas rejeté ma plume en songeant à ma témérité !

J'écrivais, moi humble et inconnu fabricant, un traité sur les vins après Chaptal, Gay-Lussac, le Comte Odart, Pasteur, Dumas, Maumené, etc., tous immortels par leurs travaux gigantesques, auprès desquels les miens font songer à l'audace de la grenouille qui veut se faire aussi grosse que le bœuf du bon Lafontaine.

Ici, je dois un hommage sincère et éclatant à ces savants aussi modestes qu'illustres. Tous ont encouragé mes efforts et m'ont permis de puiser à pleines mains dans leur profonde science dont ils ont accumulé les fruits, avec tant de labeur et surtout tant de persévérance dans leurs ouvrages.

Que ne m'est-il permis de graver ici en lettres d'or, dans un même élan de reconnaissance, les noms de : MM. *Reboul*, *Maumené*, *Dumas*, *De la Souchère*, *Pasteur*, *Derbès*, et de tous ceux qui m'ont encouragé et soutenu dans mes premiers pas.

C'est plein de confiance dans l'amitié et la sympathie de mes lecteurs, que je n'hésite pas à me présenter devant eux.

Cet ouvrage a pour devise l'épigraphe que M. le Comte Odart avait placée sur la première page de ses œuvres publiées en 1837 : « Point de préceptes, beaucoup d'exemples ; de la simplicité des moyens la perfection des résultats. »

Dans ce but, on trouvera réunies dans le cours de ce livre, toutes les innovations pratiques que j'ai pu recueillir à l'appui des assertions que j'avance ; de plus, j'ai groupé sous forme d'appendice, à la fin de ce traité, les circulaires et documents sur lesquels s'appuie la fabrication des vins de raisins secs.

L'assurance de mes bonnes intentions me fera-t-elle trouver grâce devant mes chers lecteurs ? C'est le vœu que j'ose exprimer, et je serais heureux, si des idées que j'ai semées dans cet ouvrage d'une forme parfois heurtée, pouvait résulter l'utilité que j'ai eu en vue en l'entreprenant.

Ces idées sont de deux sortes : les premières

tendent à vulgariser la fabrication des vins de raisins secs en indiquant les moyens que j'ai reconnus les plus simples et les plus pratiques pendant ma carrière de fabricant ; les secondes à populariser les doctrines scientifiques, autour desquelles on ne saurait faire trop de lumière, surtout pour les questions d'alimentation qui sont d'un si haut intérêt pour toutes les classes de la société.

*Marseille*, le *31 décembre* 1879.

Joseph AUDIBERT.

# A MES LECTEURS

Un an s'est à peine écoulé que mes prédictions se sont accomplies au-delà de toutes espérances. Le vin de raisins secs, ainsi que toutes les grandes innovations de notre siècle, a eu à subir les épreuves les plus rudes dont il devait forcément sortir victorieux. Vainement, on a tenté en haut lieu de lui opposer une infranchissable barrière au moyen d'une circulaire ministérielle. Je me suis constitué son champion, j'ai protesté énergiquement, soit par des conférences publiques, soit par des lettres publiées par la voie des journaux et adressées à MM. les Ministres et à MM. les Députés. Je défendais mon œuvre, mon enfant, en un mot, et ai dépensé, là, toute l'énergie dont je pouvais être capable. Enfin, nous avons triomphé. Je dis, nous avons triomphé, car le vin de raisins secs et moi avions lié d'une façon indissoluble notre destinée.

Aujourd'hui, le commerce en est libre. Par une circulaire en date du 26 avril 1880, M. Audibert, directeur général des Contributions indirectes, sur les instigations de M. le Ministre de la Justice, les rapports de la Société d'Hygiène, de M. Reboul, doyen de la Faculté des Sciences, à Marseille, etc., a rapporté de la première circulaire parue en septembre 1879, tout ce qui entravait la libre circulation et le commerce des vins de raisins secs.

Je rends ici un juste hommage à MM. les Ministres de la Justice et des Finances, à ces hommes éclairés, qui, mus par le seul désir d'être utiles à leur pays, n'ont pas hésité de rétracter ce qu'ils avaient cru devoir faire pour le bien du peuple, et de reconnaître qu'ils s'étaient trompés. De pareilles rétractations, loin de diminuer le prestige des gouvernants, aux yeux des administrés, ne font que le relever et les faire aimer davantage. Les despotes seuls ne rétractent jamais.

Dans cette nouvelle édition, vous trouverez de nombreuses rectifications. Toutes les innovations que j'ai faites depuis deux ans y ont été consignées avec soins. De plus et par suite de ma correspondance avec un grand nombre d'entre vous, j'ai pu supprimer ce qui m'a paru inutile, et ajouter tout ce que j'ai jugé nécessaire. En un mot, je n'ai eu qu'un mobile, mes chers lecteurs, celui de vous rendre plus facile la tâche de la fabrication du vin.

Je voudrais pouvoir vous remercier aussi, d'une façon toute particulière du succès que vous m'avez fait et des éloges beaucoup trop flatteurs que vous m'avez prodigué de toutes parts. Cinq éditions de 500 volumes chacune, ont été épuisées en six mois. Je ne m'attendais pas à rencontrer dans le public une une telle faveur. Mais ce qui a rendu mon étonnement plus grand encore, c'est de voir que tous les pays du monde, aujourd'hui, voulant le livre d'Audibert, fabriquent du vin de raisins secs. J'aurai peut-être ainsi permis de boire du vin à bon marché à des pays qui jamais n'auraient pu jouir de ce bienfait. L'Amérique du Nord et du Sud, l'Ile de la Réunion, la Chine, les Iles de l'Océanie, l'Afrique centrale ! ! ! (1) etc., fabriquent et boivent du vin de raisins secs.

Le but unique que j'avais poursuivi, était de rendre service à la France. Il m'a été donné de voir se généraliser mon œuvre. C'est ma seule satisfaction, ma plus belle récompense ; je me trompe, car ce à quoi surtout j'aspire de toute la force de mon âme, c'est à l'estime de mes concitoyens.

*Marseille, le* 10 *mars* 1881.

JOSEPH AUDIBERT.

## MAISON JOSEPH-FRANÇOIS AUDIBERT
### 8, *Boulevard Chave, Marseille*

Spécialité de raisins secs de toutes provenances, fruits, légumes secs et denrées de toutes sortes.
IMPORTATION DIRECTE

(1) Trois pères des Missions africaines de Lyon, partis de Marseille dans le courant du mois de juillet 1880, vont importer cette fabrication dans le royaume des Amazones.

# L'ART

## DE

# FAIRE LE VIN

## CHAPITRE I

### Pourquoi le Vin de Raisins secs ?

C'était après la guerre de 1870-71, à la suite de nos malheurs ; une clameur immense s'éleva du midi de la France comme un triste écho des provinces si éprouvées du Nord. Le phylloxéra avait anéanti les vignobles du riche département de Vaucluse. Après la garance, invendable, le vin manquait complètement. A ce moment un appel impérieux fut fait à la science par le gouvernement, que la voix publique fit sortir de sa torpeur. Le terrible

insecte, après avoir ravagé un département
tout entier, s'avançait lentement et menaçait
du même sort les départements limitrophes.
On constatait déjà sa présence en de nombreux
endroits des départements des Bouches-du-
Rhône, du Gard, des Hautes et des Basses-
Alpes.

Dans l'espoir de vaincre ce nouvel ennemi de la vigne aussi facilement que l'oïdium,
des promesses extraordinaires d'argent, de
titres honorifiques, etc., furent faites par le
Gouvernement et les Sociétés Savantes, à
l'heureux innovateur qui trouverait le moyen
de l'arrêter sinon de l'anéantir.

Le département de l'Hérault seul offrait un
million de récompense. L'appât d'une pa-
reille fortune devait forcément tenter bien
des intelligences ; de là ces nombreux soi-
disant moyens de détruire le phylloxéra que
les journaux enregistrèrent pendant plusieurs
années avec fracas presque tous les jours.

Tous les sulfates, les phosphates et les
carbonates y passèrent : hélas ! les résultats

nous les connaissons malheureusement tous trop bien. La plupart de ces remèdes détruisirent certainement le phylloxéra ; mais que de vignes sont mortes de l'essai qu'on a fait sur elles de tous ces véritables poisons anti-phylloxériques.

Des premiers, peut-être, je me suis occupé de cette importante question. Habitant le département des Bouches-du-Rhône et ma famille y ayant des propriétés, j'ai, pour ainsi dire, suivi la marche du fléau pas à pas ; moi aussi je crus, après avoir essayé sur nos vignes tous les moyens connus, moi aussi, dis-je, j'eus un moment l'illusion d'être arrivé à une solution; c'était par ma méthode de l'inoculation des vignes, c'est-à-dire la vaccination. Ma découverte fit le tour de la presse, j'eus de fervents disciples, et l'honneur de voir discuter mon idée dans les académies de sciences.

Voici du reste en quoi consistait mon procédé et sur quel raisonnement il reposait; les véritables agriculteurs me comprendront tout de suite.

Etant donné que les racines d'une vigne de
3 à 5 ans sont à un mètre de profondeur au
moins, la chevelure et les radicelles sont
éloignées d'autant du tronc, et pour atteindre
le phylloxéra il faut arriver jusque là car c'est
généralement par le bas qu'il tue les ceps.

Or, si le remède est énergique, il en faut
peu, afin de ne pas tuer la vigne ; mais alors
l'éloignement dans lequel se trouve l'insecte
le met à l'abri ; tandis que si l'on en met
beaucoup pour l'atteindre on tue la vigne.

Voilà en peu de mots le cercle vicieux dans
lequel tourne la science. Je voulus en sortir
et atteindre le but par un moyen diamétrale-
ment opposé : « Pourquoi, me dis-je, au
lieu de chercher à tuer directement le phylloxéra, ne donnerions-nous pas à la vigne elle-
même la force de l'éloigner ou même de le
tuer ? »

Je cherchai un agent que le règne végétal
acceptât et que le règne animal rejetât.
J'avais trouvé : le sulfate de fer. Pour faire
mon opération je l'employais ainsi :

Après en avoir saturé de l'eau, je faisais, au moment du mouvement de la sève, un trou dans le tronc de la vigne ; j'y versais un peu de cette eau et je rebouchais avec du mastic de l'Homme le Fort. La blessure se cicatrisait et la séve entraînait avec elle, jusques dans les plus petites radicelles, du sulfate de fer dont l'odeur seule devait suffire à faire disparaître le phylloxéra, ou à l'empoisonner s'il eût persisté à se nourrir de cette sève.

Mon moyen fut expérimenté dans de nombreuses propriétés ; les rapports arrivèrent, comme pour les autres procédés employés, tantôt favorables, tantôt défavorables. Voyant que les savants ne s'y arrêtaient pas et que peut-être le résultat en serait le même que celui des nombreux moyens déjà connus et employés, je l'abandonnai ; et, pour moi, le problème devint celui-ci :

Que boira-t-on en France dans 10 ans si le phylloxéra ne trouve point un adversaire assez puissant pour le détruire ?

Je cherchai et trouvai le vin de raisins

secs ; depuis quelque temps déjà la distillerie
clandestine s'en servait pour obtenir de
l'alcool de vin, mais la boisson obtenue par
ce procédé sommaire ne constituait pas encore
le vin proprement dit. Je dirigeai alors mes
recherches de ce côté et créai à Marseille la
première fabrique de vin avec les raisins secs.
Ce fut un évènement : à cette époque, les
tribunaux avaient déjà été quelquefois appelés à statuer sur les falsifications des vins par
des colorants artificiels. Quelques jugements
rendus et bruyamment publiés dans les
journaux avaient tellement mis en émoi
l'opinion publique que le Gouvernement, à
l'annonce *d'une fabrique* de vin, s'y était
presque refusé.

J'adressai un rapport aux ministères des
finances et de l'agriculture, dans lequel j'ex-
posai sommairement ma fabrication et mon
but et j'obtins enfin, après trois mois d'at-
tente, cette autorisation si désirée.

Le parquet, le conseil d'hygiène, etc.,
avaient été mis au courant de ce qui se passait.

Un an plus tard les fabriques de vin de raisins secs se chiffraient par centaines dans le Midi de la France.

Dans cet ouvrage, je me suis efforcé, suivant les traces de mes illustres devanciers et maîtres : Chaptal, Thénard, Gay-Lussac, Pasteur, Dumas, Maumené, etc., de grouper le plus simplement possible, mes observations et le résultat de mes expériences, persuadé que les choses dites le plus simplement sont les meilleures. Ce ne sont point de belles phrases que le lecteur doit espérer y trouver ; ma seule ambition est d'arriver à populariser dans notre beau pays cette boisson économique et hygiénique qui permettra de boire du véritable vin à bien des gens que la modicité de leurs ressources en empêchait jusqu'à présent.

Avec mon ouvrage, je procure aux agriculteurs atteints par le phylloxéra, les moyens de se refaire une nouvelle récolte ; enfin, aux négociants et aux commerçants, je démontre de quelle utilité est pour eux ce vin avec lequel on peut imiter tous les vins étrangers au point de ne pouvoir reconnaître le vrai du faux. Atteindrai-je ce but ? C'est mon plus cher désir ; puisse cet ouvrage m'aider dans cette ambition.

# CHAPITRE II

## Quels sont les meilleurs raisins et à quoi les reconnait-on ?

En général, pour faire du vin, tous les raisins secs sont bons ; mais, ainsi que pour presque tous les produits obtenus par l'homme, la qualité dépend d'abord du choix des matières premières les plus favorables et les plus propices, et de leur plus ou moins intelligente manipulation.

Les raisins secs les plus employés pour la fabrication des boissons à cause de leur abondance, et partant de leur prix modique, sont :

Les Corinthe ;

Les Thyra ;

Les Samos ;

Les Vourla.

*Corinthe*. — Comme leur nom l'indique, les raisins de Corinthe nous viennent directement de la fameuse presqu'île péloponésienne. La récolte de ces fruits, généralement abondante, donne lieu dans ce pays à un commerce considérable. Il est inutile que j'entre dans les détails de la dessication qui intéresseraient fort peu le lecteur ; cependant, d'une manière sommaire, à titre de renseignement, je dirai plus loin comment on l'obtient.

Les raisins de Corinthe sont les plus petits de tous ; ils n'ont pas de pepins et sont débarrassés du bois de la grappe, ce qui rend leur emploi des plus agréables. Les grains secs sont à peine de la grosseur d'un gros pois ; leur propreté est remarquable et surpasse celle des fruits de la Turquie d'Asie (j'en donnerai plus loin la raison) ; ils nous arrivent dans des caisses et le plus souvent dans des sacs de 80 à 130 kil. Ils y sont tellement entassés et pressés que, confondus les uns dans les autres, ils ne forment plus qu'un seul et même bloc ; c'est du reste ainsi que sont expédiés des pays de production tous les raisins secs.

A mon avis, c'est la qualité qui convient le mieux à la fabrication. Le vin une fois obtenu, leurs grappes ont divers emplois qui feront l'objet d'un chapitre spécial.

*Thyra.* — Les Thyra forment une variété de raisins secs qui est principalement expédiée de la Turquie d'Asie et surtout de Smyrne où les négociants l'achètent et l'entreposent pour l'expédier ensuite dans tous les pays de consommation. Ces raisins sont de la grosseur des nôtres ordinaires, et, loin d'avoir subi l'égrappage comme les Corinthe, ils possèdent toutes leurs grappes, c'est-à-dire le bois ou les grains sont suspendus.

Cette qualité produit aussi du bon vin ordinaire, mais sa finesse n'égale pas celle du vin de raisins de Corinthe ; cela tient au bois de la grappe dont j'ai parlé plus haut. Il lui communique une certaine rudesse, qui, pour certains coupages et suivant les goûts, est peut être préférable à l'état presque neutre du vin de Corinthe. On trouve souvent mêlés à ces raisins divers corps étrangers, tels que : dattes, figues, et surtout des pierres, qui constituent par leur poids un véritable bénéfice pour les expéditeurs.

Je conseillerai donc aux fabricants de vin, de bien veiller à ces divers cas que je signale, suivant les produits qu'ils voudront avoir.

*Samos.* — Les Samos , comme l'indique leur nom, sont originaires de l'île de ce nom, qui est presque toute complantée de vignes. La bonté de ces raisins et l'excellente qualité de vins qu'ils produisent à l'état frais leur a fait une juste réputation. Qui ne connaît en effet, du moins de nom, les fameux vins de Samos, si estimés, si recherchés ?

Les raisins Samos, vulgairement appelés *gros grains*, sont employés de préférence dans les fabrications ou l'alcool est surtout recherché. Ces raisins de la grosseur de nos gros raisins morvèdes, grenaches, contiennent énormément de sucre, qui, par une bonne fermentation, permet de recueillir de l'alcool en abondance. La pellicule est moins rude que celle de la plupart des raisins secs. Les envois sont très bien soignés et on y trouve moins d'impuretés que dans les raisins Thyra. Cette qualité est recherchée par certains fabricants à cause du parti qu'ils peuvent en tirer.

*Vourla*, — Ces raisins sont de beaucoup les plus beaux comme type courant. D'une grosseur égale à nos grosses panses dites de Malaga, un consommateur ordinaire peut facilement s'y tromper ; leur partie sucrée abondante les fait presque ranger dans la catégorie des raisins secs de *bouche* ; leur couleur seule, d'un beau jaune d'or foncé, décèle leur origine, car le raisin sec de bouche est généralement noir. Cette catégorie de raisins Vourla, servira plutôt au fabricant pour les vins fins. On peut en tirer un grand parti, et dans un autre chapitre j'expliquerai comment on peut obtenir, avec ces raisins, des madères, des muscats, etc.

Cette qualité de raisins, par une anomalie étrange, est pourtant moins chère que les samos.

Cette différence dans les prix provient de la répugnance involontaire qu'éprouve le fabricant à user de ces raisins qui sont d'une apparence trop belle pour servir à la fabrication.

Cette situation me rappelle ce qui se passa lors de l'arrivée à Marseille des premiers Corinthe. Les raisins généralement employés étaient les Thyra et en quelque sorte c'étaient les seuls connus. Une maison de Patras, en Grèce. voulut expédier un chargement de raisins de Corinthe et les fit offrir aux négociants de Marseille qui s'empressèrent presque tous de refuser ces raisins, même aux prix les plus bas. La vue de ces raisins minuscules, semblables à de rognures de pellicules désséchées de raisins secs, les leur faisait rejeter. Ils ne contiennent pas de sucre, disaient les uns ; ils ne produiront presque pas d'alcool, disaient les autres. Je mis fin à tous ces bruits en affirmant leur richesse alcoolique, que des expériences rigou-reuses et répétées m'avaient démontrée. Alors, au récit que je faisais de l'excellence des vins obtenus avec ces raisins, à la vue de mes échantillons, un revirement subit se fit dans l'opinion et les Corinthe furent deman-dés de préférence aux autres qualités.

Maintenant voici les traits distinctifs aux-quels on reconnaît les bons raisins secs de n'importe quelle qualité.

On doit si les raisins sont en sacs ou en caisses ne point juger de leur valeur par les grains *qui coiffent* les sacs, c'est-à-dire qui se trouvent immédiatement au-dessus. Enfon-çant la main le plus possible dans l'intérieur, on en retire une motte que l'on brise sur une feuille de papier. Seulement alors, vous pouvez les juger réellement. Assurez-vous d'abord si les raisins de l'intérieur de cette motte sont en bon état et s'ils n'ont pas subi une première fermentation, soit à cause de leur mauvaise préparation, soit par suite d'un accident qui les aurait mouillés. Dans ce cas, les raisins sont ce qu'on appelle *sucrés*, c'est-à-dire que, recouverts d'une couche cristalline, on les croirait trempés dans du sucre. Ils subissent dans cet état une dépréciation notoire pour le vendeur, car le raisin n'a plus cette belle apparence de propreté qui est déjà un gage de sa bonté.

« Quelquefois les importateurs, afin d'éviter les frais que nécessite la mise en sacs, mettent les raisins dans la calle des navires tels quels, c'est-à-dire en grenier ; les raisins peuvent quelquefois subir des avaries avec ce mode de transport et bien souvent le fond de calle, humide, humecte les raisins qui fermentent plus tard une fois mis en sacs.

Le fabricant ne doit point repousser *à priori* les raisins pour ce seul fait. Les grains ont bien perdu, il est vrai, mais ils font encore du bon vin. C'est au fabricant à les acheter au plus bas prix possible pour en tirer le meilleur parti.

Cette première inspection passée, on doit s'assurer si les grains sont bien *charnus*, c'est-à-dire s'ils sont nourris et si, en les coupant avec la dent, on sent ce gras du sucre qui constitue sa principale qualité.

Les variétés de raisins secs sont très nombreuses ; j'ai signalé les plus employées. Cependant, depuis l'extension colossale que l'industrie des vins de raisins secs a prise en France à la suite de mes efforts, le commerce s'est approvisionné pour avoir des fruits, dans tous les pays qui en produisaient. Je n'ai pu parler de ces diverses qualités dans mes premières éditions, parce qu'elles n'étaient presque pas connues. C'est ainsi, qu'on vend aujourd'hui pour fabriquer du vin : des *Chesmes*, des *Chypre*, des *Dénia*, etc., tous raisins portant le nom de leurs diverses provenances. J'engage mes lecteurs à se méfier de toutes ces qualités de raisins secs, et à n'employer que, en première ligne, les Corinthe, dont la supériorité est incontestablement démontrée, et les Thyra ou Samos.

Bien des personnes m'ont écrit pour me demander s'il n'existait pas une qualité qui donna du vin rouge. Assurément, la plupart de ces raisins sont susceptibles de fournir à l'état frais des vins même très colorés ; mais le soleil, cet ennemi mortel de la couleur, la fait disparaître des pellicules où elle est lors de la dessiccation. Les vins de raisins secs sont donc plus ou moins jaunes, mais ne peuvent jamais être rouges naturellement.

Dans un chapitre spécial, après avoir indiqué les divers modes de fermentation et les soins à donner aux vins pour la fabrication, je parlerai des coupages et des moyens de colorer le vin blanc ; mais, dans ce chapitre exclusivement réservé à la description des raisins, je vais terminer par quelques conseils à l'égard des agriculteurs, des fabricants et des personnes qui voudraient se livrer à cette fabrication.

Tenez vos sacs de raisins dans un endroit frais, mais non humide : la chaleur et l'humidité leur sont également préjudiciables.

Ne montez pas trop vos piles de sacs afin d'éviter l'échauffement provenant du poids des sacs sur la masse des raisins ; remuez-les au moins tous les mois, afin de les aérer et d'éviter le suintement, ce qui est à craindre quand les raisins sont bien nourris et charnus.

Ce suintement n'est autre chose que le sucre rendu liquide par la chaleur qu'engendre la pression, et constitue un déchet dans la production alcoolique ; déchet qui atteint quelquefois de 5 à 6 0[0.

Voilà, en peu de mots, la description et l'histoire des divers raisins secs employés dans l'industrie.

La pratique, mieux que toute théorie, guidera à la longue le fabricant dans le choix qu'il devra faire.

Je termine par un avis amical :

Les qualités et les sortes de raisins étant diverses, l'industriel devra surtout s'attacher à s'adresser de préférence à une maison de confiance pour les achats, car la vue des échantillons ne suffit pas toujours.

Le paragraphe que j'ajoute à cette nouvelle édition, pour mettre en garde les fabricants, le prouve surabondamment.

### De la falsification des Raisins secs, des MOWRA-FLOWER, de leur abus.

Les demandes considérables et générales de raisins secs qui arrivèrent sur les marchés importateurs, durant l'année 1879 et 1880, de tous les départements et de certains pays étrangers, devaient fatalement donner naissance à des fraudes commerciales. Le prix élevé qu'atteignirent les raisins secs et le peu de connaissance qu'on a encore de ces produits facilitèrent ces manœuvres. C'est ainsi que quelques négociants peu scrupuleux, afin de rendre aux raisins mouillés lors de la récolte ou détériorés, leur apparence ordinaire, les arrosent de mélasse. Les vins que l'on fait avec les raisins ainsi dénaturés sont généralement mauvais ; les fermentations rarement menées à bonne fin. Que les fabricants veillent donc attentivement en achetant les raisins, et évitent d'être dupes de la manœuvre déloyale que je leur signale.

Des MOWRA-FLOWER — Dans le courant de l'année 1879, je fus appelé à faire, dans le laboratoire de la Faculté des Sciences de Marseille, des expériences pratiques sur un produit, nouvellement importé de l'Inde, appelé *Mowra flower*.

C'était une fleur dont l'apparence était celle des raisins de Thyra. A première vue un œil exercé pouvait seul reconnaître la différence existante. En regardant avec attention, il était cependant facile de ne pas s'y tromper. La forme du *Mowra flower* est celle-ci : un bouton de rose, dont la follicule est d'un seul morceau. En l'ouvrant on trouve dans l'intérieur les pétales.

La richesse saccharine de cette fleur est égale à celle des raisins, soit de 24 à 30 0[0 ; mais, la fermentation s'établit très-difficilement, et le produit qu'on en obtient est affecté d'un goût amer *sui generis* très-prononcé.

ABUS. — La grande ressemblance des *Mowra* avec les raisins secs et leur bas prix, ont permis quelquefois aux négociants de fruits secs de glisser de ces fleurs dans les sacs de raisins secs. Leur mélange ; dans les proportions de 20 à 30 0|0, constitue un réel bénéfice pour les vendeurs. Je me fais un devoir, dans cette nouvelle édition, de porter à la connaissance des viticulteurs et fabricants, tous ces abus, heureux de pouvoir ainsi, dans une certaine mesure, empêcher des fraudes, dont la réputation du vin de raisins secs souffrirait seule.

# CHAPITRE III

## Du local et des ustensiles propres à la fabrication

Dans ce chapitre un grand nombre de mes lecteurs, déjà viticulteurs, pourront recueillir quelques conseils que l'expérience et l'étude seules procurent. Beaucoup d'agriculteurs ignorent même le nom de nos savants qui ont entassé dans leurs ouvrages ces précieuses observations ; la raison en est plus simple qu'on ne le croit.

La plupart de nos illustres auteurs, tels que Chaptal, Lavoisier, Pasteur, Maumené, etc., ont fait des livres qui sont de véritables monuments scientifiques. Sont-ils à la portée de nos modestes agriculteurs ? Evidemment

non ; leur prix élevé d'abord, à peine rému-
nérateur, en songeant aux longues heures et
années dé travail qu'ils ont exigées, éloigne
les bourses modestes. D'un autre côté, il
répugne visiblement à l'humble laboureur
de parcourir ces magnifiques pages où la
science s'entasse à chaque ligne dans sa lan-
gue naturelle; mais, hélas, comprise seulement
par un bien petit nombre d'élus. C'est surtout ce point là que j'ai visé dans mon
ouvrage : Mettre les sages conseils et avis de
nos savants célèbres à la portée de tous dans
le langage ordinaire.

Le cellier que le fabricant devra employer de préférence sera celui qui sert
aux vendanges ordinaires ; cependant, cette
récolte de toute l'année exige des soins et des
précautions que celles du mois de septembre
et du mois d'octobre ne demandent pas.

Dans les pays vinicoles, le climat est véri-
tablement tempéré. La température de 15 à
20° dans les celliers étant naturelle, les fermentations s'établissent et s'activent naturel-

lement sans aucun autre soin que ceux que la vieille routine a implantés chez les viticulteurs.

En parlant des dispositions à prendre pour la fabrication des vins de raisins secs, je signalerai les observations que m'ont suggérées mes visites dans un grand nombre de celliers, dont les mauvaises dispositions étaient les véritables ennemies d'une bonne fabrication de vins.

En premier lieu, la cave doit être établie dans des conditions convenables d'aérage. Car, la fermentation exige cinq choses essentielles : 1° du sucre, 2° du ferment, 3° de l'eau, 4° de l'air, 5° une certaine température.

Nous parlerons, ultérieurement, des trois premiers points dans le chapitre des fermentations proprement dites et nous allons nous occuper ici des deux derniers.

L'aérage des celliers est d'une importance capitale. L'exemple que je vais citer, entre beaucoup d'autres, le prouvera surabondamment. M. S....., opticien à Marseille, possède dans les Bouches-du-Rhône une propriété située au crû dit de St-Henry, qui, chaque année, lui rapporte une certaine quantité de vin.

Depuis 10 ans environ, son vin ne pouvait plus se conserver malgré tous les soins qu'il y apportait, soit à la vendange, soit à la fabrication. Le même phénomène se représentant, et appelé à en rechercher la cause, je remarquai immédiatement le défaut presque absolu du renouvellement de l'air dans son cellier. Un tuyau que je fis poser, partant de l'extérieur, mit fin à cet état de choses. Depuis lors son vin est devenu un des meilleurs de ce crû.

Les cuves en bois, devant servir à la fabrication des vins de raisins secs, doivent être plutôt petites que grandes, les soins à donner à la fermentation devenant plus faciles pour de petites pièces.

Je conseillerai des récipients de 30 à 50 hectolitres, tout au plus. Il est bien certain que les cuves plus grosses ou plus petites peuvent servir également.

Les cuves, *tronc-conique*, sont préférables pour le gouvernement de la fermentation ; leur forme évasée par le bas sert à maintenir le *chapeau* dans leur partie supérieure.

Les cuves en maçonnerie peuvent aussi servir à la fermentation et leur entretien exige peut-être moins de soins avant la vendange ; mais, à mon avis, la fabrication des vins de raisins secs est préférable dans les cuves en bois.

Avant de déposer le moût dans une cuve, il est nécessaire de la nettoyer avec le plus grand soin, afin d'en extraire les végétaux étrangers qui ont pu prendre naissance sur les parois, et détruire les imperceptibles champignons qui forment la moisissure qui en tapisse les parois et qui peut être, plus tard, le sujet de bien des accidents dans la fermentation.

Voici le meilleur mode :

Un homme pénètre dans l'intérieur, et,

armé d'une brosse, il frotte fortement avec
de l'eau tiède ; après cette première opération qui radoucit le pores du bois, le lavage
à l'eau fraîche fait disparaître les dernières
impuretés ; on enduit alors les parois d'une
légère couche de chaux, couche qui doit être
plus épaisse pour les cuves en pierre.

En Bourgogne, après avoir nettoyé avec
l'eau, on passe un peu d'eau de vie dans les
cuves, qui sont toutes en bois. Chaptal nous
apprend que les anciens donnaient une
grande importance aux moyens de préparer
la cuve. Non seulement ils la frottaient avec
divers liquides tels que des décoctions de
plantes aromatiques, de l'eau salée, du moût
bouillant, etc., mais ils y brûlaient ensuite
des aromates.

Comme tout le travail de la vinification se
fait exclusivement par une bonne fermentation, nous croyons devoir nous appesantir
davantage sur ces détails. Éviter les causes
d'une mauvaise fermentation, tel est le but
dont doit se pénétrer le fabricant.

La question de la température est aussi des plus importantes ; on regarde généralement, dit Chaptal, le 18e degré au dessus de zéro au thermomètre centigrade, comme celui qui indique la température la plus favorable à la fermentation alcoolique : elle languit au dessous de ce degré et devient tumultueuse au dessus. A une température très basse ou très chaude elle n'a même plus lieu.

Il suit de ce principe que, lorsque la température du lieu où la fermentation s'accomplit n'est pas au moins à 15 degrés centigrades, il faut l'y élever par des moyens artificiels, soit en mêlant du moût bouillant dans la masse pour la porter à la température convenable, soit en chauffant le cellier par des poêles pour y maintenir cette température.

Dans le chapitre ayant rapport à la mise en cuve du moût, j'indiquerai les moyens les plus propres à élever le degré de chaleur naturellement ou artificiellement.

Il me reste à parler, ici, des ustensiles devant servir à la fabrication.

Ceux qui possèdent déjà le matériel nécessaire pour faire le vin de vendange n'ont besoin de rien de plus ; ceux qui veulent fabriquer, pour la première fois, le vin de raisins secs, doivent avoir au moins deux cuves et, pour faciliter l'opération, une machine à écraser les raisins.

Cette machine doit se composer de deux cylindres cannelés qu'une manivelle met en mouvement. Sur les cylindres, un entonnoir en bois reçoit les raisins qui sortent au-dessous écrasés. Les cylindres doivent cependant être assez éloignés l'un de l'autre pour que les pépins ne soient point écrasés, car, l'huile essentielle, qu'ils contiennent, communiquerait au vin un goût désagréable qui lui enlèverait une partie de ses qualités.

Les fabricants se procureront, suivant leur mode de manipulation, les autres ustensiles à mesure que leurs besoins leur en feront sentir l'acquisition nécessaire. Ce sont les pots, les décalitres, les pompes, les tonneaux, etc.,

# CHAPITRE IV

## Soins à donner aux raisins avant la mise en cuves

—

Une fois certain de la propreté des cuves, qui vont recevoir le moût, il est bon de s'assurer aussi de celle des raisins qu'on va employer ; pour cela, le moyen le plus simple est celui qui consiste à vider les sacs et à en écarter les matières ou corps étrangers qui peuvent s'y trouver mélangés. Comme je l'ai dit, les raisins Thyra sont ceux pour lesquels ces soins sont obligatoires ; car les pierres de silex, que l'on trouve en assez grande quantité dans cette variété de raisins, peuvent occasionner des pertes et des ennuis assez graves dans l'opération du foulage avec la machine.

Il arrive souvent que ces cailloux, très durs, amènent la rupture des cannelures des cylindres ou l'arrêt de la machine ; ce qui occasionne des retards toujours regrettables dans cette opération.

En second lieu, et ce qui est plus important, le fabricant, visant surtout au parti qu'il peut tirer de sa fabrication en général, doit se souvenir que les grappes, après la fermentation alcoolique, sont susceptibles de nombreuses manipulations fructueuses pour le producteur.

Dans le chapitre ayant trait aux avantages qu'on peut tirer des marcs, j'indiquerai les diverses combinaisons que le viticulteur peut employer. Or, il est nécessaire que le marc de raisins soit le plus propre possible; je recommande aussi, tout particulièrement, de briser les boules, que forment les raisins entassés dans les sacs, avant de les jeter dans la cuve. Ce point est capital, voici pourquoi :

1° Ainsi que je l'ai dit au chapitre II, les raisins, fortement pressés dans les caisses ou sacs et étant bien séchés à point, mélangent

leur partie liquoreuse , et forment de grosses
boules de raisins amalgamés et comme
soudés entre eux. Il arrive, parfois, qu'un
commencement de fermentation s'est produit
dans l'intérieur de ces mottes, et, suivant le
vin qu'on se propose de faire, il est bon de
sortir les grappes que l'on voit dans cet état ;
elles pourraient donner au produit un goût
désagréable que l'on ne fait disparaître que
très difficilement.

2° Les sacs de raisins, vidés sans ces soins
dans la cuve, occasionnent des accidents de
fermentation auxquels il est bien difficile
ensuite de remédier. Ainsi, on remarque
parfois, que la fermentation tumultueuse
au début, reste quelque temps à reprendre
et qu'elle s'établit irrégulièrement ; d'autres
fois, au moment d'atteindre son apogée,
qu'elle s'arrête subitement (cet accident peut
provenir aussi d'autres causes dont je parlerai plus loin).

Voici quel est le motif de ces irrégularités:
Les raisins étant amalgalmés et réunis en

mottes dans la cuve, il en résulte que l'eau, ne pouvant pénétrer dans leur intérieur, n'en mouille que la surface et laisse une grande quantité de raisins intacts, qui, plus tard, et peu à peu, s'imprègnent à leur tour et font que l'opération du mouillage semble ne se terminer jamais. Ce point est trop important pour que tous les viticulteurs ne s'en pénètrent pas profondément, et ne se résignent pas au surcroît de main d'œuvre, presque insignifiant d'ailleurs, que pourra causer le brisage.

# CHAPITRE V

## Du Mouillage des Raisins secs

Cette opération a pour but de remettre les raisins dans l'état se rapprochant le plus de celui dans lequel ils se trouvaient à l'état frais. Le fabricant, visant à produire du véri--table vin, emploie ce moyen artificiel pour rendre aux raisins la partie aqueuse natu-relle que le soleil a fait disparaître au moment de leur dessication. Cette opération n'est donc, à proprement parler, qu'une prépara-tion ; cependant, c'est par ce dernier point que la fabrication des vins de raisins secs se rattache complètement à celle des vins de raisins frais ; car, immédiatement après ce

chapitre, les deux opérations ne se trouvant
plus séparées en rien, la conduite de la fermentation des vins de raisins secs est identique à l'autre.

Les raisins de Corinthe font seuls exception à la règle générale. On peut supprimer le
mouillage pour cette qualité de fruit. Le foulage est aussi inutile. On doit verser les
Corinthe directement dans la cuve à fermenter, en les dispersant bien. Cette restriction
faite, je maintiens que le mouillage et le
foulage sont nécessaires pour les autres qualités de raisins secs, et que le fabricant subit
un préjudice notable en ne mouillant et ne
foulant pas les Thyra, Samos, Vourla, etc.

J'ai dit, dans le chapitre précédent, qu'il
était nécessaire d'avoir deux cuves : voilà
l'emploi de la première que nous dénomme-
rons *cuve à tremper*.

Sa situation doit être, dans le cellier, supérieure à celle destinée à la fermentation, afin
d'éviter des mains d'œuvre qui occasionnent
toujours des pertes de temps et d'argent.

On commence par verser dans la cuve la quantité d'eau nécessaire pour celle de vin que l'ont veut obtenir avec les raisins secs ; on les y verse ensuite, en bien les remuant, afin de les disperser, et de permettre à chacun d'eux de prendre de nouveau cette partie aqueuse qui leur a été enlevée, et de redevenir gros et gonflés comme à l'état frais.

Je conseillerai, à ceux qui pourront le faire, d'employer, pour le mouillage des raisins, les eaux les plus pures. En première ligne l'eau distillée. Les produits obtenus par ce moyen sont excellents et évitent souvent les désagréments qu'occasionnent les eaux de puits, de sources ou de rivières ; la plupart contiennent des sels et des carbonates de chaux qui donnent naissance, soit à de mauvaises fermentations, soit, quand le vin est fait, à des goûts désagréables et à des précipités permanents. Toutefois, toutes les eaux peuvent servir à faire du vin ; et l'eau de rivière reposée est encore, après l'eau distillée, celle qui est préférable.

Afin de guider le fabricant à ses débuts, je vais indiquer, au moyen de tables, la quantité d'eau que l'on doit verser dans la cuve à tremper avant d'y mettre les raisins.

Cette table est presque une règle générale, mais, il peut y avoir lieu à des variations, suivant les plus ou moins bonnes qualités des fruits; ce dont le fabricant devra juger, avec l'expérience, par lui-même. C'est pourquoi les chiffres que je donne, quoique ordinairement exacts, ne pourraient servir de base immuable

---

## Tableaux des quantités d'eau nécessaires pour fabriquer du vin.

---

### 1er TABLEAU

100 kilog. raisins secs Thyra avec :

150 lit. d'eau don. environ 150 lit. de vin de 18 à 20°
175 » • » » 175 » » » » 15 à 17°
200 » » » » 200 » » » » 13° 5 à 14° 5
225 » » » » 225 » » » » 12 à 13°
250 » » » » 250 » » » » 11 à 12°
275 » » » » 275 » » » » 10 à 11°
300 » » » » 300 » » » » 8° 5 à 10°
325 » » » » 325 » » » » 6° 5 à 8°

## 2ᵐᵉ TABLEAU

100 kilog. raisins secs Corinthe avec :

| 150 lit. d'eau don. environ | | | | 150 lit. de vin de | | | | 18 à 20° |
|---|---|---|---|---|---|---|---|---|
| 175 » | » | » | » | 175 » | » | » | » | 15 à 17° |
| 200 » | » | » | » | 200 » | » | » | » | 13° 5 à 14° 5 |
| 225 » | » | » | » | 225 » | » | » | » | 12 à 13° |
| 250 » | » | » | » | 250 » | » | » | » | 11 à 12° |
| 275 » | » | » | » | 275 » | » | » | » | 10 à 11° |
| 300 » | » | » | » | 300 « | » | » | » | 8° 5 à 10° |
| 325 » | » | » | » | 325 » | » | » | » | 6° 5 à 8° |

## 3ᵐᵉ TABLEAU

100 kilog. raisins secs Samos avec :

| 150 lit. d'eau don. environ | | | | 150 lit. de vin de | | | | 19 à 22° |
|---|---|---|---|---|---|---|---|---|
| 175 » | » | » | » | 175 » | » | » | » | 16 à 18° |
| 200 » | » | » | » | 200 » | » | » | » | 14 à 15° |
| 225 » | » | » | » | 225 » | » | » | » | 13 à 14° |
| 250 » | » | » | » | 250 » | » | » | » | 12 à 13° |
| 275 » | » | » | » | 275 » | » | » | » | 11 à 12° |
| 300 » | » | » | » | 300 » | » | » | » | 10 à 11° |
| 325 » | » | » | » | 325 » | » | » | » | 8 à 10° |

## 4ᵐᵉ TABLEAU

100 kilog. raisins secs Vourla avec :

| 150 lit. d'eau don. environ | | | | 150 lit. de vin de | | | | 19 à 22° |
|---|---|---|---|---|---|---|---|---|
| 175 » | » | » | » | 175 » | » | » | » | 16 à 18° |
| 200 » | » | » | » | 200 » | » | » | » | 14 à 15° |
| 225 » | » | » | » | 225 » | » | » | » | 13 à 14° |
| 250 » | » | » | » | 250 » | » | » | » | 12 à 13° |
| 275 » | • | » | » | 275 » | » | » | » | 11 à 12° |
| 300 » | » | » | » | 300 » | » | » | » | 10 à 11° |
| 325 » | » | » | » | 325 » | » | » | » | 8 à 10° |

Une fois que, dans la cuve à tremper, l'eau et les raisins se trouvent réunis, le fabricant

n'a plus à se préoccuper que du moment
favorable à la mise en cuve de fermentation.
Il est nécessaire de retourner souvent les
raisins pour qu'ils se gonflent et s'aérent
bien. Après les avoir retournés deux ou trois
fois par jour dans la cuve à tremper, le
fabricant saisira le moment où les raisins
sont gonflés au point nécessaire, pour commencer son foulage. Les raisins sont assez
gonflés, quand leur aspect rappelle celui des
raisins frais transportés dans les cornues au
cellier ; l'expérience suivante facilite l'exac-
titude de cette opération : On prend quelques
grains de raisins au hasard dans des côtés opposés de la cuve, et on les presse entre le
pouce et l'index ; s'ils se crèvent en éclatant,
c'est qu'ils sont prêts.

Le mouillage dure l'hiver de 48 à 50 heures,
et l'été 40 heures environ. Il convient de ne
pas laisser prolonger plus longtemps cette
immersion durant les chaleurs, afin d'éviter
les accidents que pourrait occasionner le
dégagement de l'acide carbonique dans la

cuve, à la suite d'un commencement de fermentation.

On ne peut jamais, surtout pour cette fabrication, prendre trop de précautions pour empêcher les accidents.

Que les fabricants soient bien persuadés que les dangers de l'asphyxie par les dégagements de l'acide carbonique, dans la fermentation des vins de raisins secs, sont autant, sinon plus à craindre que dans la fermentation des vins de raisins frais.

# CHAPITRE VI

## Du Foulage

—

On comprend sans peine la nécessité d'écraser les raisins afin d'obtenir le moût et de le préparer à la fermentation. Cette opération, dont tous les viticulteurs ont toujours reconnu l'efficacité, s'imposait donc naturellement à notre fabrication. Cependant, on s'étonne de voir avec qu'elle persistance la critique l'a toujours poursuivie. Il est assurément peu de pays au monde où le foulage soit fait autrement que par des hommes nus, foulant les raisins avec leurs pieds.

Certainement, les hommes accomplissant cette fonction, y apportent certains avantages, tels qu'un foulage intelligent, la rupture des grains sans écrasement des pépins, que la peau des pieds laisse intacts.

Mais, que de pays aussi où l'on refuse aveuglément le concours d'instruments animés pour le foulage des raisins, sous prétexte de l'écrasement des pépins et d'un foulage irrégulier, où les hommes écrasent les raisins et les pépins avec des souliers et des sabots !

Dans mes voyages dans les départements de l'Hérault, de l'Aude, des Pyrénées-Orientales, je remarquai presque partout le foulage ainsi pratiqué.

Cependant les machines en général, rendent de 4 à 5 0⫽0 de vin de plus que par le foulage avec les pieds. Ce n'est peut-être pas toujours un avantage réel, mais ce qu'on est sûr de gagner, c'est énormément de temps et beaucoup de propreté,

On comprend facilement l'importance d'un bon foulage. Il est essentiel que cette opération soit faite entièrement, car si on laisse dans la cuve en fermentation, des grains entiers, le jus qu'ils contiennent ne fermente pas, et c'est ce qui bien souvent, surtout dans la fabrication des vins de raisins secs, occasionne, après le soutirage et le pressage, des fermentations secondaires et parfois presque tumultueuses.

Comme je l'ai dit, une seule qualité de raisins secs fait exception à la règle générale; ce sont les Corinthe. Leurs grains très petits et surtout leur fine pellicule évitent aux fabricants cette opération. Dès leur contact avec l'eau, les Corinthe se gonflent et commencent à fermenter, à condition qu'on les brasse bien à mesure qu'ils tombent dans la cuve, et qu'on répète l'opération pendant les deux premiers jours.

Les raisins, non foulés, laissent échapper au pressoir non la partie vineuse et alcoolique, mais le moût dans son premier état de liqueur, et n'ayant pas fermenté.

Voilà pourquoi les fabricants, ne sachant comment obtenir des vins limpides après le collage et le filtrage, se décident à les brûler pour en tirer du 3⟨6.

Un mauvais foulage peut dans ces conditions occasionner des pertes de rendement variant entre 5 et 6 degrès d'alcool par 100 kilogrammes de raisins. La partie sucrée, qui dans la fermentation ne s'est pas changée en alcool , constitue un véritable laissé pour compte.

Il est bien difficile, sinon impossible, de faire revivre dans un vin presque terminé une fermentation tumultueuse pour métamorphoser le 1$\frac{1}{2}$ degré ou le degré de sucre qui reste encore en alcool. Aussi j'appelle toute l'attention du fabricant sur cette opération, dont on n'apprécie généralement pas assez l'importance. Loin d'être une opération purement mécanique, comme on le croit vulgairement, c'est une véritable opération chimique.

Le but est de réunir et de mettre en contact toutes les parties séparées du raisin, de l'aérer et de lui fournir tout l'oxigène dont le moût a si grand besoin de s'imprégner pour commencer la fermentation.

Il ne faut pas craindre de remuer et d'agiter les raisins, soit en les foulant avec des hommes et en les jetant par pelletées dans la cuve à fermenter, soit en les passant dans la machine. On doit aussi faire couler le moût d'un peu haut, en divisant, le plus possible, le liquide dans la cuve à fermenter.

L'air, loin de produire l'effet désastreux que l'on constate dans les vins faits, est l'agent le plus actif de la fermentation ; aussi s'établit-elle promptement et activement quand on a pris les mesures nécessaires et donné les soins que je viens d'énoncer.

Il est convenable que l'appartement dans lequel est la cuve à tremper, soit plutôt humide et chaud que sec et froid.

Pour favoriser la fermentation et surtout pendant l'hiver, quelques réchauds ou poêles établis dans les celliers, suffiront pour relever la température et lui donner un degré convenable facilitant le début de la fermentation.

# CHAPITRE VII

## De la Fermentation

Pour obtenir une fermentation prompte et régulière, il faut, comme je l'ai dit dans le chapitre III, que la température du cellier au moment de la mise en cuve, ait au moins 18 degrés de chaleur. Dans la fermentation du moût de raisins frais, cette condition est à rechercher, mais elle n'est pas comme ici, indispensable.

Cette eau, nouvellement ajoutée au fruit, n'est point encore intimément unie avec lui, et des soins vigilants au début de ces fermentations sont impérieux. Si vous avez plusieurs cuves, évitez qu'elles se trouvent au courant d'air, devant une porte ou une fenêtre ; leur place est toute indiquée dans les côtés du cellier.

Dans le cas où les cuves seraient déjà placées, voici un moyen pratique et bien simple pour conserver leur chaleur et les préserver de l'influence de l'air ambiant. Sitôt qu'elles sont chargées, on essuie parfaitement leur surface, et on les entoure le mieux possible d'un paillasson de 10 à 12 centimètres d'épaisseur dont la paille, de froment, de seigle, etc., doit être le moins serrée possible. On recouvre ensuite le paillasson d'une grande bâche en toile que l'on attache solidement avec des cordes. Ce moyen très simple, et peu coûteux, donne des résultats merveilleux. Il ne laisse plus la chaleur, développée naturellement par le liquide en fermentation, se perdre, et conserve à cette fermentation son degré de calorique presqu'en entier. Le moût reste ainsi, après un bon début, dans les bonnes conditions de température. Le froid même n'atteint pas sa chaleur qui demeure jusqu'au bout.

Par ce procédé, une fois la fermentation commencée, on évite bien des ennuis, car il est inutile de chauffer le cellier et de maintenir la température à grand renfort de chauffage, ce qui est très coûteux. Une température de 10 degrés suffit, car la fermentation développe assez de chaleur par elle-même pour se suffire et arriver jusqu'au bout avec de bons résultats.

Il est cependant des cas où les fabricants devront employer des moyens énergiques pour faire atteindre au moût les 15 degrés de chaleur nécessaires pour sa mise en fermentation. Il est certain que l'hiver de 1879, où le thermomètre dans presque toutes les parties de la France a accusé de 5 à 25 degrés au-dessous de zéro, le chauffage des celliers serait trop dispendieux et pour quelques-uns impossible. On emploie alors la méthode qui consiste à réchauffer le moût.

Cette idée très ancienne nous vient des Grecs, qui avaient compris tout l'avantage qu'on peut tirer de cette méthode qui se

4

trouve consignée dans le recueil des Géopo-
niques, livre VII chap. IV.

Cette opération au premier abord frappe
par sa simplicité : « Verser dans la cuve à
fermenter une partie du moût à la température de 60 à 80 degrés environ, afin de mettre
la masse en fermentation au degré nécessaire,
soit 15 à 20 degrés. » (1) L'idée est ingénieuse
et assez pratique. Cependant je ne saurais
trop appeler votre attention sur les altérations
que cette application peut amener dans le
vin. On emploie généralement, pour pratiquer
ce chauffage, des chaudières en cuivre, bas-
culant, à feu nu, que l'on relève à l'aide d'une
chaîne passée dans une poulie posée immédiatement au-dessus, et qui se déverse dans
la cuve à fermenter quand le moût a atteint
le degré de chaleur nécessaire. Je crois inutile de m'étendre davantage sur la description
de cet appareil, que mes lecteurs doivent
connaître.

---

(1) Un petit excès de chaleur ne peut jamais
nuire au début de la fermentation.

Je signalerai, à ceux qui l'emploient ou qui désirent l'employer, ces deux grands inconvénients : 1° Par le chauffage du moût dans un vase en métal, on ne peut éviter la dissolution d'une partie bien faible, je le reconnais, de ce métal. Or, cette partie, si faible qu'elle soit, n'en constitue pas moins dans le vin un principe non seulement défavorable à la fermentation, mais encore quelquefois un véritable danger pour les consommateurs.

Le moût de raisins secs détermine autant l'oxydation des métaux que celui de raisins frais. Le fer. que l'on pourrait employer avec le moins de crainte, communique au vin un goût, une odeur et une couleur excessivement desagréables. Quant au cuivre, le plus généralement employé, les dangers qu'il présente sont si connus que je ne m'appesantirai pas sur ce sujet.

Le deuxième inconvénient résulte du goût de *cuit*, de *brûlé*, que le moût réchauffé donne au vin. Il est impossible d'empêcher l'altération du sucre, du tartre, de l'acide tartrique, etc., de se produire au contact du feu, malgré toutes les précautions qu'on a pu prendre.

On voit donc, d'après ce qui précède, que le chauffage du moût, dans ces conditions, est mauvais.

Maumené (1) conseille de se servir d'un vase de grès et de chauffer au bain-marie.

On peut calculer aisément la quantité de moût dont le chauffage sera nécessaire pour amener la cuve toute entière au degré convenable.

Ainsi, le nombre d'hectolitres à chauffer au bain-marie, s'obtient en multipliant le nombre total des hectolitres de la cuve par le nombre des degrés auxquels on veut faire monter la température, et en divisant le produit par le nombre des degrés auxquels le moût, chauffé au bain-marie, peut-être élevé au-dessus de la température primitive.

Je viens d'indiquer divers moyens de

(1) Maumené paragr. 364 page 271.

chauffer le moût afin de mettre la fermentation en branle. Pour les fabricants ou agriculteurs, qui pourront s'en passer, il est préférable de chauffer les cuveries.

J'indiquerai, du reste, dans ce chapitre, le mode le meilleur et le plus sûr pour fabriquer mathématiquement les vins en général et le vin de raisins secs en particulier.

Les précautions à prendre, pour chauffer les cuveries, sont élémentaires.

Chacun est à même de remplir les conditions nécessaires pour un bon chauffage: Il est certain que le calorifère est le meilleur moyen, mais inabordable pour la plupart des bourses de nos agriculteurs. Les poëles donc, rempliront bien l'office de chauffeurs. On aura soin d'éviter que la fumée se répande dans le cellier, surtout avec des cuves ouvertes. La liqueur vineuse est susceptible de s'emparer de l'odeur du charbon, ou du bois, si la fumée séjournait trop longtemps dans la cuverie.

Je vais indiquer ici, le meilleur mode de

contrôle, pour pouvoir se rendre compte immédiatement de la marche de la fermentation.

Il convient de placer d'abord, à l'endroit le plus éloigné du foyer de chaleur, un thermomètre qui indiquera le degré de température du cellier.

A chaque cuve, on place un petit thermomètre de Salleron à 40 centimètres environ de sa base.

Ce thermomètre, que j'emploie, parce qu'il est le plus commode et le meilleur marché, doit pénétrer par un trou juste de sa grosseur dans la cuve, de façon à présenter et à baigner son réservoir d'esprit ou de mercure dans le moût. On se rend alors compte, avec un coup d'œil, sans rien déranger, du degré de chaleur que possède le jus de raisins. Si le thermomètre n'indique, pendant les deux premiers jours, que 12 ou 15 degrés de chaleur, ou s'il baisse, chauffez le cellier fortement jusqu'à ce que vous remarquiez son ascension. Arrivé à 18 ou 20 degrés environ, la chaleur naturelle que développe la fermentation, suffira pour la mener à bonne fin, si, ayant suivi les conseils que j'ai donnés plus haut, votre cuve est bien enveloppée avec des paillassons.

Le thermomètre indiquera jusqu'à 25 degrés; c'est le degré moyen que j'ai remarqué dans nos fabrications avec les raisins secs. Il est évident qu'il ne faut pas pour cela éteindre complètement le feu, et qu'une température de 12 degrés au moins est nécessaire pour faciliter la fermentation alcoolique.

Avant de terminer ce chapitre, je vais indiquer aux fabricants une façon de réchauffer l'eau qui, intelligemment appliquée, peut rendre de véritables services à notre industrie.

C'est au moyen des cylindres semblables à ceux qu'on emploie pour chauffer les bains. On arrive ainsi, facilement, à élever jusqu'au 25me degré de température et l'y maintenir, l'eau qu'on se propose d'employer pour la fabrication.

On peut du reste employer ce procédé sur de petites quantités, et s'assurer ainsi à l'avance des résultats qu'il procure.

### Fabrication mathématique des vins de raisins secs et autres vins.

Depuis mes premières éditions, et à la suite des lettres considérables que j'ai reçues, j'ai recherché un moyen de fabriquer mathématiquement les vins en général et ceux de raisins secs en particulier.

J'ai comblé cette lacune en créant un appareil, aujourd'hui breveté, qui résout cette importante question.

Voici le principe sur lequel mes recherches étaient dirigées : Faire accomplir, sous tous les climats et dans toutes les saisons, le changement complet de la partie sucrée en alcool et en acide carbonique, et cela avec juste le temps nécessaire à cette transformation, et le plus économiquement possible.

C'est l'eau chaude, que l'appareil fournit à un prix presque nul, au degré que l'on

désire, qui est la base de mon innovation. Il
est complètement inutile avec ce mode de
fabrication de chauffer les celliers. Au contraire, le moût, ayant fortement besoin d'oxigène pur, se fortifie au contact de l'air naturel
du cellier non infesté de la fumée à laquelle
donnent naissance les poëles ou réchauds.
La métamorphose du sucre en alcool est
complète dans cinq ou six jours. Les accidents
de fermentation, tels que : refroidissements,
arrêts, etc., ne peuvent plus se produire,
la température étant constamment dans les
cuves à vingt-cinq degrés au-dessus de zéro.
En employant ce mode de fabrication, les
vins de raisins secs, n'ont, pour ainsi dire,
plus le goût *sui generis* décélant leur origine, puisque le séjour sur les grappes, de
l'eau servant à la fabrication est insignifiant.
Les fermentations secondaires rendant les
vins troubles et plombés ne sont plus à
craindre.

M. J. M. Pommier, constructeur à Marseille, successeur de M. St Joanis, est chargé

tout particulièrement de la construction de ces appareils qui sont simples et peu coûteux.

Je répète, du reste, à mes lecteurs, que je me mets entièrement à leur disposition pour tous les renseignements quels qu'ils soient, se rattachant à la fabrication, dont ils pourront avoir besoin.

# CHAPITRE VIII

## Des dangers de l'Acide carbonique

Avant de traiter à fond la question des divers modes de fermentation, je considère comme un devoir d'appeler l'attention des personnes qui se livreront à la fabrication des vins de raisins secs, sur les dangers et les inconvénients qu'occasionne le dégagement de l'acide carbonique dans la fermentation.

Ces dangers, une fois connus, s'évitent facilement ; c'est pourquoi je tiens surtout à mettre en garde les fabricants.

La fermentation alcoolique du moût dégage énormément d'acide carbonique. La chimie nous apprend que les proportions en sont mêmes énormes : 100 parties de sucre, en se décomposant par la fermentation, donnent environ moitié d'alcool et moitié d'acide carbonique. Ce gaz est irrespirable et peut occasionner la mort. Il est donc important de connaître les moyens de combattre et surtout d'éviter ses funestes effets.

Il est, disent les savants, par lui-même inodore et sans saveur; il n'a pas non plus de couleur. Il est entièrement semblable à l'air pur. Aucun de nos sens n'est apte à nous le faire connaître directement. On ne peut juger de sa présence que par certains phénomènes chimiques. Dans de telles conditions, il est facile de comprendre que nous pouvons être exposés à le respirer même pur, sans être à l'avance avertis du danger.

Les accidents qu'il produit chaque année, aux vendanges, doivent suffisamment rappeler à notre esprit la gravité de cette importante question et nous empêcher de commettre des imprudences.

Pour les personnes qui ne connaissent pas la chimie, leur esprit sera suffisamment fixé,

quand elles sauront que ce gaz est le même
que celui que dégage le charbon au moment
de sa première combustion.

Ce gaz est plus lourd que l'air, et tombe,
formant sur la surface du sol une couche qui
s'élève jusqu'à ce qu'elle trouve une issue.

Aussi doit-on se méfier des celliers qui sont
dans les caves et où l'on descend par plusieurs
marches.

Pénétrez toujours dans vos cuveries, une
lampe à la main, et à la hauteur de votre cein-
ture. Si vous apercevez un tremblotement ou
un trouble dans la clarté, il faut se méfier;
si la lampe s'éteint, ne vous aventurez pas,
car on peut y laisser la vie. Ce gaz fait
périr en un instant les animaux qui le
respirent; des expériences nombreuses ont
été faites sur des oiseaux et elles sont con-
vaincantes.

Qui n'a entendu parler ou ne connaît la
grotte célèbre située près de Naples dite : Du
Chien. Dans cette grotte, l'homme pénètre
impunément sans ressentir aucun symptôme

de malaise, alors que le chien qui l'accompagne, meurt bientôt étouffé si on ne le rend
promptement à la liberté.

L'explication de ce fait se résume ainsi :
Les terrains volcaniques, de ce pays, exhalent
de l'acide carbonique qui se forme par sa pesanteur à une couche d'environ 50 centimètres au-dessus du sol. L'homme, en pénétrant
dans la grotte, a la partie supérieure du corps
complètement au-dessus, et peut y vivre impunément en restant debout, tandis que le
chien dont le corps en entier baigne dans
cette atmosphère irrespirable, ne peut y demeurer sans périr.

On cite aussi un exemple de ce phénomène
dans la Forêt-Noire : Un ruisseau qui se dessèche en été, et dont l'eau se trouve remplacée
par une couche d'acide carbonique qui se
dégage du sol, sert de prétexte à une chasse
assurément bien bizarre et imprévue par la
législation en temps prohibé.

La couche de gaz s'élève à peu près à 90
centimètres, où elle se maintient, en raison

de la tranquillité de l'air, à l'abri des planta-
tions qui l'entourent. Les oiseaux, qu'attire
la fraîcheur, viennent sans cesse voltiger autour du ruisseau jusqu'à extrême sécheresse.
Tant qu'ils demeurent assez éloignés ou à une
certaine hauteur, rien ne les trouble ; mais,
sitôt qu'ils s'approchent du lit du ruisseau, le
vertige les saisit et ils tombent frappés de
mort au bout de quelques secondes. Les bû-
cherons n'ont qu'à venir tous les jours ra-
masser le gibier, bénissant l'acide carbonique
de l'aide merveilleux et désintéressé qu'il
leur apporte.

## RÈGLES GÉNÉRALES

Dès qu'une cuve est en fermentation, ce
qu'on voit immédiatement en y présentant
une bougie allumée qui s'éteint, ne pénétrez
plus dans votre cave ou cellier sans prendre
les précautions nécessaires.

Dans les fermentations à cuve ouverte,
l'acide carbonique après avoir rempli le vide
qui reste dans l'intérieur de la cuve, arrive

au sommet et se déverse par les parois
extérieures exactement comme un vase plein
d'eau. Si vous voulez vous assurer de la
marche de votre fermentation, en regardant
dans l'intérieur de la cuve, veillez en montant
sur l'échelle apposée contre elle, à ce que le
gaz ne vous atteigne pas au visage, pour éviter
la sensation désagréable qu'il procure en le
respirant et les dangers qu'il fait courir.

Il est extrêmement important aussi, avant
de pénétrer dans une cuve, soit pour la remplir, soit surtout pour la vider, de bien s'assurer qu'on peut le faire sans danger. Pour
cela servez-vous toujours de la bougie allumée, qui est le plus sûr et le plus fidèle des
avertissements.

Je vais donner le moyen qu'on peut
employer pour éviter les accidents dont je
viens de parler. Ceci s'adresse surtout aux
fabricants qui vont établir leur cuve à fermenter dans des caves ou sous-sols, où l'on
ne peut parvenir qu'en descendant de nombreuses marches d'escalier, et où les fenêtres

pour donner le jour et l'air sont presque si-
tuées au-dessous du plancher supérieur. Il
faut saturer le gaz à mesure qu'il se précipite
sur le sol du cellier, en disposant sur plusieurs points, du lait de chaux ou de la chaux
vive. On peut parvenir à désinfecter un lieu
vicié par cette mortelle mofette en projetant
sur le sol et contre les murs de la chaux vive
délayée et fusée dans l'eau. Une lessive alca-
line caustique, telle que la lessive des savon-
niers ou l'ammoniaque, produira de semblables effets. Dans tous ces cas, l'acide gazeux
se combine instantanément avec ces matières,
et l'air extérieur se précipite pour en occuper
la place.

Dans les cuves fermées, dont je vais parler
au chapitre suivant, ces dangers disparaissent
presque complètement, car elles permettent
de se débarrasser assez facilement de cet
ennemi redoutable.

# CHAPITRE IX

## Des divers modes de fermentation.

La fabrication des vins de raisins secs se fait de plusieurs manières. Je vais les passer ici en revue, donnant mon appréciation sur chacune d'elles, et indiquant celles qui me paraissent les plus favorables à la production. Je les ai divisées en deux classes :

1º La fermentation à cuve ouverte ;
2º La fermentation à cuve fermée.

### *La fermentation à cuve ouverte*

En général, cette méthode, la première qui s'offrait pour la transformation du moût en vin, a été adoptée. Au premier abord, il a semblé superflu de recouvrir la cuve, quoique connaissant l'effet pernicieux (1) de l'air sur le *chapeau*, c'est-à-dire la couche épaisse de grappes qui remonte par l'effet de la fermentation au-dessus du moût.

Voici le raisonnement, du reste assez fondé, qui a fait prendre racine à cette idée. Le moût de raisins en fermentation, dégageant beaucoup de gaz acide carbonique plus lourd que l'air, est donc recouvert hermétiquement par ce gaz qui repose immédiatement sur lui dans l'intérieur de la cuve. Le fait est vrai mais ne peut pas servir de règle invariable. Je vais citer quelques exemples afin de le démontrer. Au début, quand toutes les règles ont été observées, la fermentation est presque toujours tumultueuse et active. A ce moment, il est certain que la fermeture produite par

---

(1) Cet effet est celui de l'acétification des grappes qui composent le *chapeau* par le contact de l'air.

        *(Note de l'auteur).*

l'acide carbonique équivaut au meilleur couvercle. Mais cette fermentation très-forte, au
départ, se ralentit chaque jour davantage à
mesure qu'elle arrive vers la fin. A ce moment, il arrive bien souvent que ce dégagement de gaz est si faible, qu'il ne résiste pas à
l'action de l'air qui se mêle avec lui au fur et
à mesure de sa production.

L'effet est tel, qu'on peut impunément rester dans une cuve dans cet état sans être in-
commodé, car la bougie ne s'éteint pas. Le
*chapeau*, cette masse poreuse, toute remplie
de zyméïne altérée, détermine au contact de
l'air une oxydation très-rapide du moût qui
l'imprègne, et produit du vinaigre assez vite
pour suivre la formation de l'alcool développé
par le restant du sucre et faire un vin détestable.

Voici encore un fait qui arrive le plus souvent. Le viticulteur qui veut remplir plusieurs
cuves, le fait généralement de façon à ce que
la distance, qui sépare le moût du sommet
de la cuve, soit assez grande pour qu'il ne

s'en verse pas au moment de sa grosse effer-
vescence. Quand la fermentation s'établit,
le *chapeau* s'élève et dépasse les bords, s'offrant ainsi complétement à l'action de l'air. Il
ressort par conséquent de ce qui précède, la
conclusion suivante : Il est nécessaire d'empêcher la mauvaise influence de l'air sur le
*chapeau* au moment de la fermentation. Il
convient donc de couvrir *légèrement* la
cuve.

Une fermeture hermétique occasionnerait,
par l'empêchement formé à la volatilisation
du gaz, une explosion des parois. Pour éviter
cela, le moyen le plus sage et le plus facile est
celui qui consiste à couvrir la cuve avec des
planches sur lesquelles on étend des couver-
tures ou des vieilles toiles. De la sorte, on
n'interrompt pas toute communication avec
l'air ambiant, et on ne craint ni les explo-
sions, ni un ralentissement dans la fermentation ; on a l'avantage de la régulariser, d'en
rendre la marche plus égale, d'entretenir une
température plus élevée, de prévenir l'acéti-

fication du marc et des écumes qui forment le *chapeau,* et de soustraire enfin la fermentation à toutes les variations de la température.

L'expérience m'a déjà prouvé souvent que cette méthode est bonne, et qu'elle contribue puissamment à obtenir une bonne fermentation. Elle est facile à mettre en pratique et peu coûteuse dans l'exécution. Ma correspondance avec les agriculteurs m'a appris qu'elle a été suivie partout des meilleurs effets.

Cette méthode est, du reste, avantageuse pour plusieurs raisons : d'abord parce qu'elle empêche l'air de s'introduire dans la cuve pour détruire la couche d'acide carbonique qui découvre le moût, comme je le disais précédemment; ensuite, et surtout quand la température est froide, quand les variations de chaud et de froid se font sentir pendant le cuvage, et quand il s'établit des courants d'air dans le lieu où se trouve la cuve.

Chaptal, et quelques autres savants, prétendaient aussi qu'à tous ces avantages, la fermeture des cuves, ainsi faite, joignait celui de retenir des quantités notables d'alcool, ou, si l'on préfère, de vin que l'acide carbonique entraînerait sans cette précaution. (1)

M. Maumené a, par de nombreuses expériences, prouvé la fausseté de cette assertion et conclu à une perte très faible par évaporation (2)

J'ai tenu ici à citer ces deux savants afin de clore la discussion, que l'assertion fausse de Chaptal avait fait naître. Ce n'est point la déperdition de l'alcool proprement dit, qu'il faut éviter, mais bien tous les accidents que j'ai énumérés plus haut.

Il est encore un moyen, dont je vais parler ici, qui rend de très grands services à la fabrication : Le foulage. Il exige de grandes précautions, il est vrai, mais il est sans danger quand il est pratiqué par des gens prudents.

_____

(1) Chaptal, page 134. (*L'art de faire*, etc.)

(2) Maumené, page 277. (*Traité du travail des vins*).

Voici comment j'ai pratiqué, souvent, pour éviter les inconvénients que j'ai cités précédemment et faire arriver, à bien, mes fermentations.

Quand le *chapeau* commence à s'élever au-dessus du moût et à former son épaisse croûte de grappes, je le fais refouler dans le liquide, en pressant avec des pelles ou des fourches, de façon à ce qu'il baigne, de nouveau, en plein dans le moût. Cette opération a besoin d'être répétée, au moins trois fois par jour : le matin, à midi et le soir ; sinon, la couche de marc devient si épaisse, si compacte et si dure, qu'il devient impossible de l'enfoncer sous le liquide. Un jour de retard suffit pour mettre le fabricant dans l'impossibilité de pratiquer le foulage du *chapeau*. Son arrosage devient obligatoire quand il dépasse les bords de la cuve, qu'on ne peut par conséquent plus recouvrir, comme je l'ai indiqué. Pour l'arroser, on tire, d'un robinet placé au bas de la cuve, le moût que l'on jette sur le *chapeau*. Ce dernier moyen, dont

je suis presque l'inventeur, facilite beaucoup
la reprise de la fermentation, quand celle-ci
s'est arrêtée ou ralentie, pour une cause quelconque, quelques jours après la mise en
cuve. Cette nouvelle aérification du moût
active les ferments engourdis et réussit presque toujours à amener de bons résultats.
J'ai, ainsi bien souvent, fait revivre et repar-
tir avec une véritable impétuosité, des fermentations qui menaçaient de durer indéfi-
niment et dont l'apparence était incom-
préhensible.

J'ai signalé ce moyen aux agriculteurs,
afin qu'ils l'emploient pour la fabrication de
leur *piquette* et éviter à la boisson qu'ils fabriquent avec le marc de raisins ayant donné
tout leur rendement, ce goût d'aigrelet qui
lui est propre ; il provient de l'abandon
où ils laissent les cuves contenant le marc
additionné d'eau, dont la fermentation est
livrée à elle-même. On s'est habitué dans la
campagne à ce goût qui a donné son nom à
ce genre de boisson, mais il est certain

qu'elle sera bien plus goûtée en perdant ce
principe acide.

M. Maumené, que je me plais à citer souvent comme l'un des auteurs qui ont le plus
étudié cette partie de la fabrication des vins,
a trouvé un moyen simple et pratique d'éviter
les inconvénients du foulage du chapeau.
Voici son procédé que je suis heureux, ici,
de reproduire (1).

« A mesure de la charge de la cuve, on
« tend sur chaque sixième, ou chaque cin-
« quième, ou chaque quart de la masse des
« raisins versés, un filet de cordes maintenu
« par des crochets de bois, renversés et fixés
« d'avance à l'intérieur de la cuve ; jamais
« ainsi le chapeau ne peut se former d'une
« seule masse ; il s'en fait plusieurs, un sous
« chaque filet ; chacun d'eux est d'une faible
« épaisseur, et ne s'oppose pas, sensible-
« ment, aux mouvements du vin. On n'a plus

---

(4) Maumené, parag. 282, p. 284, (*Traité du
travail des vins*).

« à faire descendre dans la cuve et, par con-
« séquent, à exposer même la vie des hom-
« mes occupés à ce travail. — La dépense
« n'est pas bien grande. »

Il est nécessaire, cependant, de placer au
centre des cuves, un tube carré en bois,
percé de trous, pour donner au gaz un dégagement plus facile, tout en conservant
l'isolement des portions du marc par étage.

J'ai, je crois, indiqué les diverses manières
qui me paraissent les plus employées pour la
fermentation à cuve ouverte. Je vais, maintenant, passer à la description de celles qu'on
peut employer pour la fermentation à cuves
fermées.

## *La Fermentation à cuve fermée.*

La différence essentielle, qui sépare cette
seconde façon de procéder de la manière
précédente, repose presque uniquement sur
ce point :

Empêcher le contact de l'air avec le *cha-*

*peau* et prévenir ses effets nuisibles sur celui-ci.

Les cuves fermées ont de grands avantages. Dans les cas où la fermentation languit et où la présence de l'air pourrait faire naître des fermentations acides ou putrides, rien n'empêche de laisser se prolonger le cuvage pour obtenir la complète métamorphose du sucre en alcool : le chapeau ne pouvant ni se dessécher, ni se corrompre.

On appelle cuves fermées : les cuves à couvercles hermétiques, les vaisseaux ou foudres.

Il est inutile que je rappelle ici, que tous ces récipients, au moment du cuvage, éclateraient bientôt, si on ne ménageait à leur sommet une petite issue pour le dégagement de l'acide carbonique. J'en parlerai du reste plus loin.

La fermentation à cuve fermée, trouva vers le commencement de notre siècle (1822) un véritable apôtre , dans la personne de M<sup>lle</sup> Gervais, qui les mit à la mode, en leur faisant présenter le grand avantage, croyait-elle, d'empêcher et d'éviter des pertes de 10 à 15 0[0 sur le vin en fermentation.

Gay-Lussac (1) fit justice de l'exagération et démontra d'une manière irréfutable combien M^llo Gervais se trompait.

Il n'en demeure pas moins un fait certain, c'est que ce mode de fabrication, quand on peut l'employer, évite bien des tracas et des ennuis, tout en facilitant énormément la régularité de l'opération.

J'ai dit, dans le chapitre ayant trait aux dangers de l'acide carbonique (2), qu'avec ce genre de fabrication, ils disparaissaient presque complètement. En voici l'explication : Dans la cuve ouverte, le dégagement du gaz, se fait sur une telle surface qu'on ne peut pas le recueillir et le diriger. Ici, au contraire, l'acide carbonique, n'ayant qu'une petite issue, peut-être facilement neutralisé à sa

---

(1) Annales de chim. et de phy. (2), XVIII, 380.
(2) Voir page 56.

sortie et même employé fructueusement par
les producteurs. La grosseur de l'issue, que
l'on ménage au gaz, doit être proportionnelle
à la grosseur des cuves. Une ouverture, de
3 centimètres de diamètre, suffit pour
une cuve de 100 à 200 hectolitres. Cette issue
ne doit point demeurer simplement ainsi, car
le but qu'on se propose en fabricant avec les
cuves fermées serait complètement manqué.
L'air, en s'y introduisant quant la fermentation
touche à sa fin, et que le dégagement de
l'acide carbonique est faible, produirait sur
la cuvée les accidents qu'on a voulu éviter
avec ce genre de fabrication. Voici la fermeture qu'on doit employer pour éviter ces
effets : On fixe, au trou servant à l'échappement de l'acide, un tuyau de verre ou de
caoutchouc que l'on fait plonger dans un vase
plein d'eau. L'acide carbonique traverse
l'élément liquide, mais il en demeure une
grande partie dans la cuve, à cause de la
légère pression et résistance que l'eau exerce
sur lui à sa sortie. L'air, au contraire, ne peut

plus y pénétrer car l'eau lui oppose une infranchissable barrière.

Il est un moyen bien simple de se servir
de l'acide carbonique et d'en faire un véritable
agent producteur et lucratif, en fabriquant
du bi-carbonate de soude. — On se procure
du carbonate de soude, bien pur, en cristaux,
que l'on place dans une barrique, au fond de
laquelle on a ménagé un faux fond percé de
trous, à 20 centimètres environ de la base.—
On ferme hermétiquement ce récipient, et
on y amène l'acide carbonique, par un tuyau
de verre ou de caoutchouc, après l'avoir préalablement débarrassé de sa vapeur alcoolique, en le faisant passer dans le vase ou baril,
aussi hermétiquement fermé, à moitié plein
d'eau, dont j'ai parlé ci-dessus. — L'effet
produit par l'acide carbonique, est celui-ci :
Le carbonate de soude, qui se trouve en
cristaux, laisse échapper sa partie aqueuse au
contact de l'acide carbonique jusqu'à sa complète saturation et jusqu'à son complet changement. On doit, de temps en temps, recueillir,

au moyen d'un trou de cheville ménagé au bas de la barrique contenant le carbonate de soude, l'eau dont celui-ci se sépare.

Cette eau contient encore beaucoup de bi-carbonate que l'on recueillera facilement en laissant reposer, évaporer et cristalliser.

L'effet de ce simple appareil est surprenant. On utilise ainsi la grande quantité d'acide carbonique que produit la fermentation, production qui est une véritable richesse que presque tous les agriculteurs ont laissé perdre jusqu'à ce jour. Nul n'ignore, malgré les récentes découvertes de la chimie, combien la production de cet acide est encore coûteuse.

J'ai tenu à faire part, ici, à mes lecteurs, de cette idée, trop heureux si un jour j'apprends qu'elle a profité à quelques-uns.

Un grand nombre de viticulteurs seraient peut-être désireux de fabriquer avec des cuves fermées, mais ils ne le peuvent pas, ne possédant que des cuves ouvertes.

On peut, facilement, obvier à cet inconvénient, en faisant faire un couvercle en bois, qui joigne le mieux possible sur la cuve, où on aura, préalablement, ménagé une échancrure intérieure de quelques centimètres au sommet des douelles.

La fermeture hermétique s'obtient, très facilement, soit avec de la farine de lin bouillie, soit avec des tourteaux de la même matière broyés et préparés de la même façon.

La farine de lin constitue, par sa matière de corps gras, une sorte de mastic qui permet d'empêcher, partout où il est nécessaire, l'air de pénétrer, et cela sans grande dépense ni grosse main-d'œuvre.

Certains propriétaires de vignobles dévastés par le phylloxera, ont voulu utiliser leurs foudres pour la fabrication des vins de raisins secs. Je vais signaler les divers inconvénients que présente, si on n'y prend garde, ce genre de fabrication.

Le premier est le tassement dans les foudres des raisins qu'on précipite par la porte de la bonde ; on l'évite en agitant simplement, avec un bâton, le tas que l'on étend de façon que les grains soient le plus dispersés possible.

Le second inconvénient, et le plus grave, est celui qui force le fabricant à pénétrer, après le soutirage, dans le tonneau, pour en extraire les grappes. On peut courir de grands dangers si toutes les précautions que j'ai signalées au Chapitre VIII, ne sont pas prises scrupuleusement. (1)

Il est incontestable que ce moyen de faire fermenter les raisins secs peut être excellent (2), car, les raisins ne reçoivent pas d'air en ayant soin de boucher le trou de la bonde du foudre qui remplit l'office de cuve à fermenter, par le moyen que j'ai indiqué plus haut.

---

(1) Des dangers de l'acide carbonique, page 56.
(2) L'été, par exemple, où il se forme si vite sur le *chapeau*, de l'acide acétique.

*(Note de l'auteur).*

# CHAPITRE X

## De la fermentation rapide à l'usage des grands ou des petits fabricants.

J'ai dénommé ainsi ce mode de fabrication que j'ai conseillé à un certain nombre de fabricants. J'en fais l'objet d'un chapitre spécial, car, ce dernier moyen ne peut être employé que par un petit nombre de producteurs, à cause des frais que nécessite l'installation d'une fabrique de ce genre.

Cependant, les personnes, dont le but ne vise qu'à une petite production, peuvent s'en servir, aussi, sans inconvénients.

Voici en quoi consiste ce genre de fabrication :

Après avoir épuré les raisins et les avoir débarrassés des matières étrangères qu'ils pouvaient contenir, on les verse dans les foudres ou barils devant servir à la fabrication, sans leur faire supporter l'opération du trempage ni de la trituration.

On chauffe, à 40° au moins, la quantité d'eau qui doit servir à la fermentation des raisins, et on maintient la température du cellier ou de l'appartement dans lequel se trouvent les cuves ou barils, à 25° de température au-dessus de zéro.

Il est nécessaire de bien remuer les raisins à mesure qu'on verse l'eau chaude, afin de leur permettre de s'imprégner uniformément.

La fermentation s'établit généralement dans les vingt-quatre heures et se trouve terminée quatre ou cinq jours après.

Il est incontestable, comme je le disais, que l'outillage nécessité par ce genre de fabrication est très important ; l'eau chaude ne s'obtient en quantité suffisante, surtout pour la grande production, qu'au moyen de chaudières et d'installations spéciales.

Je rappelle ici à mes lecteurs que l'appareil système J.-F. Audibert, pour la fabrication

mathématique des vins de raisins secs, a résolu ce problème à bon marché. La fermentation rapide est aujourd'hui en vigueur dans
le monde entier; dans les Bouches-du-Rhône,
dans l'Hérault, dans l'Aude, dans le Gard,
dans les Charentes, dans la Meuse, dans les
Vosges, dans la Haute-Saône, dans la Seine,
en Algérie, etc., en Italie, en Espagne, en
Amérique, et jusque dans l'Ile Bourbon à
Saint-Denis.

Cependant, un grand nombre de personnes
qui ne désirent fabriquer que par petites
quantités et pour leur usage personnel, pourront se servir, avec succès, du genre de fermentation que je viens d'indiquer.

Les distillateurs l'emploient de préférence
aux autres modes de fermentation, à cause de
l'économie de temps qu'ils font; il est un
avantage énorme que l'on gagne : C'est la neutralité de goût des produits que l'on obtient.

Les ferments alcooliques, se développant
avec force par la chaleur, agissent violemment
sur la partie liquoreuse du moût et opèrent

la métamorphose du sucre en alcool et en
acide carbonique, presque impétueusement,
sans permettre au liquide de s'imprégner des
divers goûts, *sui generis*, que les pellicules
des raisins secs, et surtout les grappes, donnent aux vins obtenus par une fermentation
ordinaire.

Les vins de raisins secs, obtenus ainsi, riva-
lisent avec nos bons vins blancs de France et
sont souvent préférés; par les négociants, pour
certains coupages, avec les vins étrangers
d'Espagne et d'Italie.

A l'appui de ce que j'avance, je dirai à
mes chers lecteurs, que la médaille dont m'a
gratifié M. le ministre de l'agriculture et du
commerce, au concours régional de Marseille
en 1879, m'a été décernée par Messieurs les
Membres du Jury, à cause de la supériorité
évidente de mes vins de raisins secs qui
pouvaient lutter avec avantage contre les
meilleurs vins naturels.

Avant de terminer ce chapitre, je vais dire
quelques mots sur une cause bien petite,

dont les effets sont quelquefois bien grands.

L'été, où le vin se pique si facilement, les conséquences de cet état de choses peuvent entraîner à de véritables pertes.

Beaucoup de fabricants versent les raisins dans les cuves ouvertes ou fermées, sans préalablement aviser au moyen le plus sûr et le plus commode, qui permettra aux vins de· s'écouler rapidement du robinet obstrué par les grappes.

J'ai reçu, sur ce sujet, plusieurs lettres me demandant la meilleure manière de pratiquer.

Quelques-uns ont employé des grilles en métal qui s'obstruent très facilement. Le plus simple, le plus économique, et le plus sûr moyen, est l'emploi de balais de Bruyère que l'on a soin de fixer, intérieurement, dans la cuve, devant le trou du robinet, avant de verser les raisins. De cette façon le vin sort, lors du soutirage, très vite, ne contenant qu'une quantité insignifiante de grappes.

# CHAPITRE XI

## Des Fabrications Spéciales

Avec les raisins secs, il est facile d'obtenir un nombre varié de produits, suivant les moyens que l'on emploie.

Je vais enseigner celui qui consiste à faire fermenter le moût sans les grappes ; les résultats que l'on obtient récompensent largement le fabricant des peines qu'il a prises pour y arriver.

*La fermentation du moût sans grappes.*

Après avoir suivi la règle de conduite que j'ai tracée aux chapitres IV, V et VI, qui consiste à bien préparer les raisins dont on veut se servir pour fabriquer, on établit dans le cellier une chaleur de 25°.

Environ 24 heures après, on brasse fortement les raisins avec le liquide, afin de mélanger la partie liquoreuse et sucrée ; cette partie liquoreuse, se trouvant beaucoup plus lourde, tombe dans le bas de la cuve et s'y accumule. Si on ne prend pas cette précaution, on est obligé d'attendre le moment où la fermentation, commençant son œuvre, mélange cette partie sucrée avec le restant du liquide. Chacun peut du reste, facilement, se rendre compte du fait que je cite. Le premier je l'ai remarqué.

J'indiquerai plus loin le parti que j'ai tiré, pour certaines fabrications, telles que le sirop et le sucre provenant des raisins secs, de cette particularité bien naturelle.

Quand on a chargé une cuve de fermentation, si on pèse 24 heures après à l'aréomètre Beaumé les degrés de douceur, la partie liquide supérieure accuse de 0 à 5° à peine, tandis que le pèse-sirop donne 22 ou 24° de sucre pour la partie complètement inférieure que l'on tire par un trou de vrille.

Pour la fermentation du moût sans grappe,
il faut donc, dis-je, 24 heures après la mise
en cuve, bien mélanger le liquide qui baigne
les grappes, de façon à n'obtenir qu'un unique degré de douceur, du sommet à la base
de la cuve ; ce degré est ordinairement, et
suivant la quantité d'eau que l'on a versée
sur les raisins, de 8 à 12° au Pèse-sirop.

La fermentation ne tarde pas à se faire
sentir ; c'est le moment propice au soutirage
du liquide contenu dans la cuve. Le moût,
ainsi transvasé, loin de perdre quelques qualités, en acquiert de nouvelles. L'aérification
qu'on lui fait subir, non seulement ne paralyse
pas la fermentation que l'on veut poursuivre,
mais l'active de nouveau.

On met donc ce moût complètement liquide dans un foudre ou tonneau dont on
ferme la bonde par le procédé dont j'ai parlé
au chapitre IX, intitulé : *Des divers modes
de fermentation.*

Une température bien égale, de 20 à 25°
de chaleur, est nécessaire dans la cuverie pour

empêcher l'engourdissement des ferments et,
partant, un arrêt dans la transformation de la
partie liquoreuse en alcool. Il est important
d'éviter ce dernier inconvénient, car on peut
voir cette fabrication ne se terminer, quelquefois, que quatre ou cinq mois après. Je
dois dire, cependant, qu'en prenant quelques
précautions, on est sans crainte sur le sort du
moût qui, se trouvant sans *chapeau*, ne risque pas de s'aigrir et peut demeurer impunément intact, protégé par le sucre qui constitue
un agent préservatif. La fermentation alcoolique peut s'arrêter, dans le cas qui nous
occupe, à la suite d'un refroidissement de
température dans le cellier. Le moût demeure
alors avec les degrés de douceur qui existent
encore sans se détériorer. Dès que la chaleur
se fait sentir, la fermentation reprend de plus
belle et se termine heureusement, si on veille
à ce que la cause que je viens de signaler ne
se renouvelle plus.

Dans un chapitre consacré à l'emploi des
grappes, j'expliquerai le parti que l'on peut

tirer de celles ayant servi à ce genre de fabrication; leur manipulation, après le soutirage, constitue un bénéfice réel pour le fabricant, qui retire, comme je le démontrerai, leur quintescence de production.

J'ai fait une épreuve de ce genre qui m'a pleinement confirmé dans cette opinion. Après un commencement de fermentation, je soutirai, au mois de janvier 1879, le moût d'une cuve de 100 hectolitres. Je le mis dans un foudre placé dans une cave dont la température naturelle était de 6 à 8° seulement, en moyenne, et je l'y abandonnai.

Pendant 6 mois je suivis, presque chaque jour, les changements qui s'opéraient à la suite de la fermentation très lente qui se manifestait à peine. Le froid qui règne pendant cette époque de l'année l'avait presque complètement arrêtée. Je remarquai que, suivant les plus ou moins chaudes journées, j'avais gagné soit un cinquième, soit un huitième de degré.

Le plus souvent, quand la température

s'était abaissée, la fermentation s'arrêtait complètement. C'est ainsi que, durant environ 4 mois, cette fermentation fut réellement intermittente, sans que le moût ne s'altéra en rien.

Quand les premiers jours de mai arrivèrent, et avec eux une température plus chaude, la fermentation reprit régulièrement son cours et s'acheva d'une manière complète vers le mois de juin. Elle avait duré près de 6 mois.

J'ai tenu à signaler l'exemple de cette expérience importante, afin de démontrer aux personnes qui hésitent à se livrer à ce genre d'industrie, qu'il n'en est peut-être aucune qui présente autant de variétés de fabrication avec autant de garantie de succès.

## La Fermentation des raisins secs avec des raisins frais.

Au moment où le vin va presque disparaître de certains départements dévastés par le phylloxera, et où un grand nombre de propriétaires ne recueillent de leurs récoltes, plus que des quantités vraiment insignifiantes de raisins, il convient de répandre le plus possible le moyen de refaire une vendange artificielle et de permettre aux propriétaires de boire *presque* de leur vin.

Il est incontestable que l'intérêt particulier de tous les viticulteurs plaide en faveur de cette innovation ; chacun préfère boire le vin qu'il a fait, serait-il de qualité inférieure, qu'acheter celui de son voisin. C'est plus économique et quelquefois plus sûr.

Voici donc comment on doit opérer le mélange des raisins afin d'obtenir un bon produit : On prépare, quelques jours avant le foulage des raisins frais qu'on se propose de vendanger, les raisins secs, dans la cuve à tremper, comme je l'ai indiqué dans le chapitre V, de façon à faire coïncider le foulage des deux vendanges, si je puis me servir de cette expression.

Les raisins secs devront être traités, avant leur fusion avec les raisins frais, exactement comme si on voulait les faire fermenter seuls;

c'est-à-dire que l'addition d'eau qu'on leur a faite, doit être celle que comportent les raisins secs ordinairement (1).

On opère le mélange des raisins secs et frais au moment du foulage, que l'on pratique de la même manière que pour les raisins frais, en suivant les divers moyens indiqués au chapitre VI.

Il est important, cependant, que cette dernière opération soit bien également faite, si l'on veut obtenir une marche régulière dans la fermentation.

Quelques agriculteurs m'ont écrit pour me demander si l'on obtiendrait assez de couleur avec ces genres de vins.

Je vais répondre à cette observation : Suivant la qualité de raisins que l'on récolte et surtout suivant les années, le vin na-

---

(1) Il serait bon cependant, suivant la qualité des produits qu'on veut obtenir, de mettre une quantité d'eau moindre quand on veut faire un vin de raisins mélangés.

*(Note de l'auteur)*.

turel se trouve plus ou moins chargé en couleur. J'ai remarqué qu'un hectolitre de beau vin rouge de raisins frais, donnait une jolie teinte à 10 hectol. de vin de raisins secs.

Or, la partie colorante résidant surtout dans la pulpe du raisin, on obtient par la fermentation, des deux qualités de fruits mélangés, une plus grande diffusion de la partie colorante. Nul n'ignore combien est grande la force et la richesse de ce colorant chez certaines variétés de raisins frais.

Qui n'a bu, chez les propriétaires de nos vignobles du Midi, de ces fameuses *piquettes* qui ne le sont que de nom, tellement est belle leur apparence et délicieux leur goût.

L'explication de ce fait réside dans la grande quantité d'œnocyanine, que contient la pellicule, dont l'abondance est telle, qu'elle suffit à colorer, non-seulement le vin de sa propre cuvée, mais encore l'eau qui sert à la fabrication de la *piquette* ; cela constitue un véritable lavage des marcs de raisins et démontre combien est grande la force de coloration qui demeure dans les grappes après le soutirage du vin.

Il faut donc, suivant la teinte de coloration que l'on veut obtenir, quand on fabrique des vins de raisins mélangés, il faut donc, dis-je, connaissant la qualité de raisins frais qu'on emploie, faire le mélange intelligemment.

Ainsi, si l'on vise à la production de vins bien rouges, la quantité de raisins secs à ajouter deviendra moindre, tandis que si l'on ne veut obtenir que des vins dits *aramonts*, c'est le contraire qui devra avoir lieu. La partie colorante, jaune des raisins secs, forme avec celle des raisins frais une couleur d'un rouge *paille*.

J'affirme que, par le moyen que je viens de décrire, un cultivateur peut encore longtemps, non-seulement boire du vin de sa propriété, mais se refaire, pour ainsi dire, une nouvelle récolte.

On m'a objecté que le vin obtenu avec les raisins secs était trop coûteux quand il revenait à plus de 20 francs l'hectolitre.

7

Il est facile de démontrer combien est fausse cette idée.

Si les viticulteurs additionnaient les sommes considérables de main-d'œuvre et surtout d'argent que nécessite la culture de la vigne, à notre époque, s'ils établissaient le compte des dépenses qu'occasionne cette récolte, et s'ils les mettaient en parallèle avec les frais qu'occasionnent les nouveaux genres de vins, je suis persuadé que l'avantage demeurerait aux vins de raisins secs.

## *La fermentation des raisins secs avec le marc des raisins frais.*

Je fais entrer la description de la fermentation des raisins secs avec le marc de raisins frais dans ce chapitre, à cause de la similitude qui existe entre cette fabrication et les fabrications précédentes.

On peut par ce moyen d'employer les raisins secs :

1° Ne se servir du marc de raisins frais que dans le seul but de donner au vin que l'on prépare un plus grand principe vineux ;

2° Ne viser qu'à produire de la *piquette*, avec le marc de raisins frais, et remonter son degré alcoolique avec une petite quantité de moût de raisins secs.

Dans le premier cas, l'agriculteur qui veut se livrer à cette fabrication, n'a qu'à suivre les règles que j'ai tracées pour le travail des vins de raisins secs ; seulement la quantité d'eau qu'il versera sur ceux-ci, mélangés de marc, devra être augmentée proportionnellement à la quantité qu'il aura ajoutée et qu'il voudra faire fermenter avec les raisins secs.

Dans le second cas, c'est-à-dire quand on veut obtenir de la *piquette* et que les raisins secs ne remplissent d'autre rôle que celui de producteurs d'alcool, la partie d'eau à ajouter devient d'autant plus grande, que l'on se contente d'un degré plus bas.

Il est, cependant, des limites qu'on ne saurait franchir impunément. Ainsi, le vin ne peut mériter ce nom, proprement dit, que tout autant qu'il pèse au moins 6° d'alcool ;

au-dessous, il ne peut réellement porter que celui de *piquette* de marc de raisins.

Afin d'éviter aux agriculteurs, qui vont pratiquer cette fabrication, les ennuis d'un essai, je vais indiquer, en finissant ce chapitre, la quantité d'eau qu'il convient de verser sur les raisins secs auxquels on ajoute du marc de raisins frais, pour les différents degrés d'alcool que l'on veut obtenir.

On prend pour base le tableau des quantités d'eau nécessaires pour fabriquer du vin de raisins secs (Page 38).

Quand les marcs, dont on se sert, proviennent de raisins bien mûrs, de côteaux, qui ont produit du vin de degré alcoolique élevé, la quantité d'eau qu'on peut verser sur eux est plus grande évidemment que dans le cas contraire.

Ainsi, 50 litres d'eau par 100 kilog. de ces marcs, dans une cuvée de raisins secs importante, n'en changent pas le degré.

Cependant, pour ne pas être obligé de faire ici un nombre infini de tableaux qui seraient encore incomplets, vu la grande variété de coupages et d'additions que l'on peut faire avec les raisins secs, les marcs et l'eau, je dirai aux agriculteurs : Agissez pour la fabrication du vin de raisins secs coupés avec du marc, exactement comme pour celle des raisins frais mélangés de raisins secs. C'est-à-dire que, d'une part, vous suivez exactement la ligne de conduite que j'ai tracée pour la fabrication des vins de raisins secs, et que, d'autre part, vous verserez auparavant sur les marcs que vous voulez mélanger, la quantité d'eau que vous jugez convenable, soit 30, 40, 50 jusqu'à 100 litres d'eau par 100 kilog. de marc.

J'avoue, qu'en général, on ne peut plus espérer, même un degré modeste d'alcool, avec la dernière proportion, si le moût de raisins secs n'a pas déjà au moins un degré de liqueur élevé.

# CHAPITRE XII

## Moyen pratique de suivre la marche des fermentations.

——

Un grand nombre de mes lecteurs, avant que ce traité ne fît son apparition, m'avaient demandé un moyen pratique de pouvoir suivre les fermentations et connaître facilement le moment où elles étaient terminées.

La science nous offre une assez grande quantité d'observations sur ce sujet, mais, conformément au but que je me suis proposé et dont je ne veux pas m'écarter, je ne m'étendrai pas sur la description des expériences que nos savants ont faites, afin de deviner le secret, jusqu'à ce jour impénétrable, des fermentations.

Je vais donc indiquer aux fabricants le

moyen qui m'a paru le plus simple et le plus commode, de suivre les diverses phases de la fermentation.

C'est le pesage du moût à l'aréomètre Beaumé. (1)

Cet instrument, que tout le monde connaît et dont il est inutile de faire ici la description, accuse la densité liquoreuse du liquide dans lequel on le fait flotter.

C'est, en quelque sorte, le mentor du fabricant ou agriculteur, qui trouve en lui un guide presque toujours infaillible.

Je n'en ai pas parlé plus tôt, afin de faire ressortir d'une manière plus grande son utilité, au milieu de toutes les hésitations auxquelles doivent être sujets les fabricants, avec le mode actuel de production.

Après un grand nombre d'expériences, j'ai remarqué que le degré de sucre qu'accusait le pèse-sirop pour le moût de raisins secs, au moment où la fermentation va com-

---

(1) Pèse-sirop.

mencer, était, à peu de chose près, le degré
d'alcool obtenu une fois la fermentation terminée.

Ce résultat s'explique assez facilement.
L'alcool ne se formant qu'au fur et à mesure
de la métamorphose du sucre en acide carbonique et alcool, le pèse-sirop indique
exactement la déperdition de la partie liquoreuse et le degré équivalent à son nouvel
état.

Ainsi prenons un exemple :

Le moût, d'une cuvée, accuse au pèse-sirop
12° de liqueur au moment du départ de la
fermentation, toutes les précautions nécessaires pour faciliter sa marche ayant été
observées ; dès le lendemain, ou 2 jours
après, en pesant du moût de la cuve dans
une éprouvette, le pèse-sirop indiquera une
tendance à baisser. Si la fermentation est
tumultueuse, l'aréomètre n'indiquera plus
que 11° dès le 3° jour, 9°,⁵ ou 10° le 4°, 8° le
5°, 6°⁵ le 6° et ainsi de suite jusqu'à 0°, qui
indique que toute la partie sucrée s'est trans-

formée et qu'il faut soutirer le vin de dessus les grappes.

Ce moyen, comme je le disais, est bien simple et d'une grande facilité, le fabricant le moins expérimenté s'aperçoit immédiatement, en pesant le moût, si la fermentation suit un cours régulier.

Point n'est nécessaire d'être fort en chimie pour savoir qu'une cuvée a besoin d'une température plus chaude, quand l'aréomètre indique deux fois le même degré.

Il est urgent, quand on remarque un arrêt dans la fermentation, de suivre les conseils que j'ai donnés sur ce sujet dans les chapitres ayant trait à cette importante question.

Les indications de l'aréomètre Beaumé sont surtout nécessaires vers la fin de l'opération ; à mon avis c'est l'unique instrument pratique dont puisse se servir le fabricant.

Vers la fin d'une fermentation, alors que l'aréomètre n'accuse plus que 2 degrés de liqueur, il est essentiel que l'on remarque si l'opération ne subit pas d'arrêt ; c'est le moment périlleux de notre genre de fabrication.

Pour plusieurs opérations entreprises et conduites heureusement, ces deux derniers degrés offrent une infranchissable barrière à leur bonne réussite.

Afin d'éviter ces grands inconvénients, le fabricant devra, dès la mise en cuve, peser quotidiennement le moût des cuves en fermentation et annoter chaque fois d'une manière exacte l'observation qu'il aura faite.

En se servant du moyen que j'indique, il n'est plus nécessaire de distiller chaque jour comme le font plusieurs fabricants, du moût à l'appareil Salleron ; le résultat que l'on obtient est identique à celui du pèse-sirop.

Malgré cela, vers les derniers jours de la fermentation, il convient de faire la contre-expérience avec cet appareil, afin de connaître la richesse alcoolique que l'on a obtenue et de s'assurer concurremment, avec l'aréomètre, de la marche continue de l'opération.

Il est, pourtant, des cas où le pèse-sirop ne

peut pas servir de guide au fabricant, et où l'emploi du petit appareil à distiller de Salleron est obligatoire, pour se rendre bien compte de la marche de la fermentation alcoolique.

C'est dans la fabrication que j'ai décrite au paragraphe intitulé : *Fermentation des raisins secs avec le marc de raisins frais*. La même restriction s'applique à tous les genres de fabrication, où l'alcool peut déjà se trouver en nature dans une plus grande ou plus petite quantité.

Les raisins frais ayant produit déjà du vin, c'est-à-dire ayant fermenté alcooliquement, les grappes, qui demeurent dans la cuve, après le soutirage du liquide, en restent encore fortement imprégnées.

Personne n'ignore la richesse alcoolique des marcs de raisins frais qui, quoique pressurés au plus haut point, rendent encore de 5 à 15 0|0 d'alcool, suivant leur qualité et leur état.

On comprend facilement, qu'en mélan-

geant du moût de raisins secs avec les grappes ou marcs, le pèse-sirop indiquera un
degré de liqueur inexact à cause de l'alcool
existant déjà dans les marcs, alcool dont le
moût se sera emparé par suite du mélange.

Afin de connaître le degré alcoolique du
moût de ces sortes de fabrication, on est
donc obligé de se servir exclusivement de
l'appareil Salleron qui indique, dès le début
de la fermentation, l'alcool existant. On n'a
donc plus qu'à essayer, tous les matins, le vin
et bien s'assurer de la marche progressive de
l'opération.

Il est cependant un point de repaire pour
connaître le moment du soutirage , c'est
encore avec l'aréomètre Beaumé.

Quand le pèse-sirop marque 0°, la partie
liquoreuse s'étant transformée presque en
entier, le vin peut être entonné.

Avant de m'occuper du soutirage du vin,
je crois que mes lecteurs me sauront gré de
leur faire la description d'un moyen de fabrication que la science et un petit nombre

d'industriels connaissent; je l'ai appliqué à notre industrie, certain qu'il rendra de grands services aux agriculteurs en général et aux fabricants de vins de raisins secs en particulier.

Je veux parler de l'opération du sucrage.

# CHAPITRE XIII

## Du Sucrage

Nos plus grands œnologues et nos meilleurs chimistes ont reconnu et accepté la nécessité et le naturel emploi du sucre. Chaptal, son immortel innovateur, a même laissé son nom à ce procédé, on dit : *chaptaliser* du vin.

Je puis donc, couvert par de pareilles célébrités, acceptées par tous, traiter cette question, dédaignant les attaques qu'elles ont motivé de la part de quelques personnalités bruyantes dont le talent en la matière serait bien facile à contester.

L'épithète ironique et impuissante d'*eau de raisins* dont quelques négociants en vins, ni agriculteurs, ni chimistes, ont voulu stigmatiser le vin de raisins secs, devait ce me semble trouver un meilleur placement appliquée à l'opération dite *du sucrage*.

Pourquoi ne s'est-on jamais élevé contre cette opération ?

Cependant cette façon de faire le vin est non-seulement connue de nos négociants, mais même approuvée et conseillée, pour bien des cas, par nos Facultés et nos Académies scientifiques.

Avant de pénétrer davantage dans ce sujet, je vais donner à mes lecteurs quelques notions préliminaires sur cette question et rappeler brièvement sa théorie :

« L'opération du sucrage consiste à ajou-
« ter au jus de raisins frais, le sucre qui lui
« fait défaut, à la suite de circonstances
« malheureuses, provenant de la tempéra-
« ture et du climat, qui ont empêché son
« développement sur la vigne, et à remplacer
« ce sucre par celui de raisins ou d'autres.
« La nécessité de cette addition s'impose
« d'elle-même.

« Chacun sait que la formation de l'alcool,
« principe fondamental du vin, s'obtient par
« le changement de la partie sucrée en acide
« carbonique et en alcool.

« Or, supposons une année froide et plu-
« vieuse, les raisins, au moment où l'époque
« des vendanges est arrivée, non-seulement
« ne sont pas mûrs, mais ne peuvent plus
« mûrir ; la partie sucrée, dont ils de-
« vraient être pourvus, ainsi que dans les
« temps ordinaires, fait complétement défaut.
« Que faire de ce moût, véritable verjus,
« qui contiendra peu d'alcool et partant ne
« pourra se conserver ?

« La chimie a depuis longtemps répondu
« à cette interrogation et s'est engagée bra-
« vement dans la voie, qui, du reste, se pré-
« sentait à elle toute tracée : Quand le sucre
« naturel manque il faut le remplacer.

« Les sources sont nombreuses. Chaptal
« préconisait l'emploi du sucre de canne
« brut et surtout celui extrait du raisin lui-
« même.

« Cependant il faut bien se garder de con-
« fondre le *sucre de raisin* avec le *glycose*
« obtenu de la fécule de pomme de terre ;
« la production en est plus économique,
« mais son emploi procure au vin une alté-
« ration funeste. Le sucre dont on peut se
« servir est celui de raisin ou de canne. On
« doit se garder de l'exagération, qui, en tout,
« est un défaut. Il ne faut donc pas dépas-
« ser, par excès de sucrage, le degré de li-
« queur qu'accuse le moût, quand les ven-
« danges sont heureuses.

« Le but de cette opération est donc, dans
« ce cas, celui d'empêcher la perte de la
« récolte à cause du manque de sucre.

« Nos viticulteurs de la Champagne, et
« surtout nos fabricants de vins de ce nom,
« ont étendu plus loin encore le bénéfice
« qu'ils pouvaient recueillir de l'avantage du
« sucrage, afin d'avoir une récolte toujours
« uniforme, qui pût leur donner, toutes les
« années, un vin identique pour fournir à
« leur clientèle du monde entier.

« Un certain nombre de fabricants, et des
« renommés de ce pays, retirent d'abord
« simplement le moût des raisins frais et
« versent sur les grappes, avec de l'eau, la
« quantité de sucre de canne (1), qui est
« nécessaire pour remettre le liquide à un
« degré de liqueur suffisant et refaire une
« nouvelle cuvée. Quand la fermentation de
« ce nouveau moût est terminée, ils mélan-
« gent ce vin avec celui de la cuvée précé-
« dente, et obtiennent ainsi des produits qui
« ont fait rêver, pendant bien longtemps,
« des œnologues distingués qui cherchaient
« à deviner comment ils pouvaient obtenir
« ainsi, chaque année, malgré les différen-
« ces de vendanges, des produits aussi si-
« milaires.

Il était nécessaire que j'expliquasse bien
à mes nombreux lecteurs sur quoi reposait
la théorie du sucrage.

---

(1) La *Vergeoise* est la qualité la meilleur
marché et la plus favorable.

*(Note de l'auteur.)*

Il importait aussi de rendre public ce procédé tout champenois, afin d'apprendre aux détracteurs de vins de raisins secs que l'appellation dont ils ont voulu gratifier ces vins : *eau de raisins*, pouvait assurément, et depuis longtemps, trouver justement sa place sur une foule de manipulations œnolo- giques, et que c'est faire réellement preuve de maladresse, de désigner ainsi le produit qui, seul peut-être, ne le méritait pas.

Peut-on nier que les raisins secs ne soient réellement des raisins ?

Peut-on nier que toutes les matières qui les constituent ne leur soient réellement propres ?

Le sucre qu'ils contiennent est-il du sucre de raisin ?

L'eau seule leur manque et on la leur rend ; je dis *on la leur rend.* Peut-on dire cela pour l'opération, que j'ai rapportée plus haut, qui se pratique depuis si long- temps dans la Champagne ; et n'est-ce pas à ce genre de vin, *pourtant excellent,* qu'il eût fallu appliquer l'éphithète d'*eau de raisins ?*

Cette petite digression était nécessaire pour pouvoir m'étendre sur les divers emplois qu'on peut tirer du sucre dans la fabrication des vins de raisins secs. J'ai tenu à bien démontrer que, loin de créer une innovation, je ne vais, dans ce traité, que faire l'application à notre genre de fabrication des méthodes bien anciennes, approuvées par la science, nullement répréhensibles et existant déjà dans la fabrication des vins de *raisins frais.*

*La fermentation des raisins, grappes, marcs, avec du sucre.*

Dans la description que j'ai faite de la fermentation du moût sans grappes, celles-ci demeurant dans la cuve après le soutirage du moût, j'ai promis d'indiquer le parti qu'on peut en tirer, vu leur état.

On doit se rappeler comment ce genre de fabrication se pratique ; 24 ou 48 heures environ après le séjour de l'eau sur les raisins secs, on la soutire toute chargée de la partie sucrée qu'elle a dissoute dans cette sorte de lavage. Les raisins ou grappes conservent encore cependant une assez grande partie de ce sirop dont ils sont imprégnés.

Il est deux manières de les utiliser : La première, en y versant tout simplement de l'eau; la seconde, en refaisant une nouvelle cuvée, et en y ajoutant de l'eau et du sucre de canne pour remplacer celui qui a été entraîné après le soutirage du moût.

Si le produit que l'on veut obtenir ne doit avoir que 5 à 7 degrés, et si l'on vise à la quantité, on n'a qu'à verser environ 40 à 50 litres d'eau par 100 kilog. de grappes dans la cuve, sans ajouter de sucre. On remue bien cette nouvelle addition et on agit exactement comme pour une première fabrication de vin de raisins secs.

Le premier moût qu'on a soutiré, quoique ayant enlevé une grande partie des matières que contenaient les raisins, leur en laisse encore assez pour faire fermenter et produire un vin qui peut très-bien, une fois la

fermentation terminée, servir pour le coupage de ceux dont le degré est trop élevé.

Si au contraire, pour des causes particulières, telles que : la cherté des raisins secs,
leur prix excessif de transport, la proximité
d'une raffinerie de sucre, le fabricant a intérêt à produire du vin de raisins secs en se
servant du sucre, au lieu de vider l'eau purement sur les raisins, dont on a déjà sorti un
premier moût, le producteur préparera
ainsi sa nouvelle fabrication : Par 100 kilog.
de raisins, il versera 100 litres d'eau et
10 kilog. de sucre. Afin que le mélange
s'opère bien, je conseillerai de verser le
sucre séparément dans l'eau que l'on veut
employer, de manière à n'avoir plus qu'à
mélanger l'eau ainsi préparée avec les raisins dans la cuve.

On peut de cette manière, comme je le
disais plus haut, fabriquer, quel que soit le
prix des raisins et surtout leur qualité, des
vins à peu près toujours semblables.

La conduite de la fermentation de ce genre
de fabrication est, bien entendu, toujours

celle que j'ai indiquée dans le chapitre précédent ; les soins à donner à la cuve à fermenter, sont identiquement les mêmes pour toutes les façons de fabriquer.

Voulant prévenir les polémiques que l'application *du sucrage*, que j'ai faite à notre industrie, peut soulever, je prie mes lecteurs de vouloir se reporter à l'appendice qui termine ce volume. J'ai relaté, tout au long, dans l'intérêt des agriculteurs, les magnifiques expériences faites par M. Petiot, sur une cuvée qui, en temps ordinaire, eut produit 60 hectolitres à peine, et dont il retira 285 hectolitres, soit près de *cinq fois* plus. Cette expérience, attestée par les célèbres chimistes et œnologues Thénard père et fils, par Maumené, et un grand nombre de savants, se dresse en vengeresse pour prouver une fois de plus aux détracteurs des vins de raisins secs, combien ceux-ci, incontestablement naturels, laissent loin derrière eux ces produits artificiels si admirés.

# CHAPITRE XIV

## Résumé de la théorie de la fermentation

Afin de présenter d'une manière plus saisissable les indications que j'ai données et les observations que j'ai faites dans les chapitres précédents ayant trait aux divers phénomènes de la fermentation, je vais les grouper ici sous forme de memorandum.

Mes lecteurs pourront ainsi, suivant les cas qui les embarrasseraient, trouver l'explication immédiate de ce qui fera l'objet de leurs hésitations.

### RÈGLES GÉNÉRALES

Pour obtenir une bonne fermentation, il faut :

1° Que l'opération du foulage des raisins

secs ait été bien régulièrement et entièrement pratiquée ;

2° Que la température du moût soit au moins à 15° ;

3° Que celle du cellier soit de 15 à 20° environ et *invariable* (1) ;

4° Agiter fortement la cuvée au début afin que le départ de la fermentation se fasse uniformément ;

5° Entretenir avec soin la chaleur naturelle des cuves développée par la fermentation ;

6° Eviter l'acidification du chapeau et les développements de fermentations acides ou putrides ;

7° Suivre bien exactement la marche de l'opération, afin de parer aux éventualités qui peuvent surgir pendant sa durée.

On peut, pour réaliser ces diverses condi-

---

(1) Ce qu'on obtient facilement en chauffant, et en évitant dans l'appartement des courants d'air.

*(Note de l'auteur.)*

tions, employer les moyens que j'ai indiqués précédemment.

Quelques fabricants ne liront peut-être pas sans intérêt la description d'une fermentation faite dans une cuve ordinaire recouverte d'un couvercle en bois, adhérent avec de la farine de lin bouillie.

C'est le récit détaillé d'une fabrication de vins de raisins secs, jour par jour.

Les observations ont été notées avec le plus grand soin. Il se peut que quelques-unes soient utiles à certains propriétaires ou producteurs, c'est pourquoi je conseillerai à mes lecteurs de lire les détails de cette expérience incontestablement pratique.

### Expérience faite avec 1.000 kil. de raisins secs, au mois d'avril 1877

La quantité employée a été celle dont généralement on se sert dans la pratique. La manipulation en est facile, les récipients commodes à trouver.

Le 1ᵉʳ avril 1877. — J'achète et je reçois

dans ma fabrique 1,000 kilog. de raisins Thyra, dans des sacs de 105 à 110 kilog. en moyenne.Dès leur arrivée, je les dirige sur la salle de trempage, où ils commencent à recevoir les soins de propreté que leur état exige. Après avoir ouvert chaque sac, on étend, sur le plancher, les raisins,dont on brise les mottes et dont on sépare les corps étrangers. C'est ainsi que je trouve mélangés, aux grappes, des pierres, des figues, des dattes, des filaments, des herbes, etc. Les raisins sont bien épurés, afin d'éviter les ennuis que peuvent occasionner, dans la suite des diverses opérations, tous ces corps étrangers.

Le 2 avril. — Les 1,000 kilog. de raisins secs ayant été versés de 8 heures à 9 heures du matin, dans la cuve à tremper, avec 22 hectolitres 50 litres d'eau, je fais remuer fortement les raisins et l'eau, afin que le mélange soit bien homogène et qu'il ne reste plus de raisins amalgamés et formant des boules.

. Le thermomètre indique une température

de 13° pour l'eau servant au trempage. A 2 heures, à 5 heures et à 9 heures du soir, on agite encore fortement les raisins pendant quelques instants.

Le 3 avril. — Les raisins secs ont trempé environ 24 heures. Leur aspect rappelle complétement celui des raisins frais ; ils se sont gonflés et ont repris une certaine apparence de vie. Une grappe, entr'autres, à laquelle une douzaine de grains restent encore attachés, est bien faite pour compléter cette illusion. Quelques grains, que je presse entre mes doigts, m'indiquent par leur façon d'éclater en s'écrasant, que la durée du trempage est terminée.

Il est 9 heures du matin, je donne l'ordre de fouler à la machine (1).

Voici comment j'ai pratiqué cette opération : La cuve, dans laquelle les raisins ont

---

(1) A l'époque où cette expérience fut faite, l'appareil pour la fermentation mathématique des vins n'existait pas. Aujourd'hui, cette opération devient inutile.     (*Note de l'auteur*).

été mis à tremper, se trouve à la partie la plus élevée de la fabrique, dans l'appartement situé au-dessus des cuves à fermenter. Elle est relevée de telle sorte, que sa base se trouve de niveau avec le sommet de l'entonnoir en bois de la machine qui doit fouler les raisins. Cette précaution est prise dans le but d'éviter une main-d'œuvre de plus, et de permettre aux grains et aux grappes de glisser sans efforts, de la cuve à tremper dans la machine. Elle se trouve placée elle-même immédiatement au-dessus de la cuve à fermenter, qui est dans le cellier.

Les grappes et les raisins se précipitent ainsi, sans aucun travail, de la machine dans la cuve qui doit les recevoir pour fermenter.

Pour établir une plus grande affinité entre la partie liquide et les grappes, pendant qu'un ouvrier les rejette par-dessus le bord, dans la machine à fouler, je fais arriver le moût dans cette même machine au moyen d'un robinet placé au bas de la cuve. La partie liquide, dans de pareilles conditions, peut porter sans contestation le nom de *jus de raisin*.

L'opération du foulage et de la mise en cuve à fermenter est terminée à 3 heures du soir.

Je place immédiatement le couvercle sur la cuve et enduis toutes les jointures de farine de lin bouillie, afin d'intercepter complètement le passage de l'air.

Me proposant de fabriquer du bi-carbonate de soude, j'établis au sommet de la cuve à fermenter, un tuyau de verre qui permettra au gaz acide carbonique, d'abord de s'échapper de la cuve, qu'il ferait éclater sans cette précaution, ensuite de transformer mon carbonate de soude en bi-carbonate.

Voici comment j'ai dressé l'appareil : une petite futaille, à moitié pleine d'eau, hermétiquement fermée et redressée sur un de ses fonds, remplit l'office de *purificateur*.

Le gaz en s'échappant de la cuve, est amené dans le *purificateur* par un tuyau de verre effleurant l'eau, laquelle le débar-

rasse de sa vapeur alcoolique. Un autre
tuyau, lui servant d'échappement, le reçoit et
le dirige sur les cristaux de soude placés
dans une autre futaille de 500 à 550 litres
hermétiquement fermée. J'ai fait défoncer
cette dernière pour y introduire plus facilement les 293 kilog. de carbonate de soude
que je me propose de transformer, et qui reposent sur un faux fond percé de trous, à
10 centimètres environ de la base de la futaille. Il convient d'arranger les cristaux de
la manière la plus favorable à cette transformation. Pour cela, il est nécessaire de multi-
plier les surfaces et de laisser, le plus possible, des passages à travers la soude, pour le
gaz, quand il arrive au milieu d'elle. L'acide
carbonique, en contact avec les cristaux de
soude, attaque leur surface et, absorbé par ce
sel qui se tasse peu à peu, par suite de la sé-
paration d'une grande quantité *d'eau de cristallisation* qui tombe dans l'espace resté vide
au fond du récipient, change ces cristaux en
bi-carbonate de soude.

Le tuyau de verre, qui amène l'acide carbonique dans la futaille contenant la soude,
doit arriver jusqu'au faux fond pour que le
gaz attaque directement les cristaux. Tous les
matins j'enlève l'eau du fond de l'appareil, au
moyen d'un trou de cheville, et la laisse
évaporer, pour permettre au bi-carbonate
dissous de se cristalliser, afin de le recueillir.

Peu de gens se font une idée de la quantité
extraordinaire d'acide carbonique développée
par la fermentation alcoolique. Voici ce que
nous apprend la chimie à ce sujet : 100 hectolitres de vin produisent assez d'acide carbonique pour faire 2,900 kilogrammes de bi-
carbonate.

Le 4 avril. — Ainsi que j'en avais donné
l'ordre, la température est régulière. Le
thermomètre du cellier indique 22° de chaleur à huit heures du matin. Je pèse le moût
à l'aréomètre Beaumé en ayant soin d'en
prendre du haut, du milieu et du bas de la
cuve au moyen de petits robinets, afin d'éviter des erreurs provenant de la différence

de degrés qui peut exister dans le moût avant le départ de la fermentation. Le pèse-sirop indique 12° de liqueur.

Le petit thermomètre de Salleron, adapté à la cuve, dont le réservoir baigne dans le moût, n'accuse que 15° seulement ; la fermentation ne s'est point encore établie. Le soir à huit heures, le thermomètre donne 16°,5, soit une production naturelle d'un degré et demi de chaleur, de plus, depuis 12 heures.

Le 5 avril. — Je pèse le moût, je constate un sensible mouvement de fermentation ; à huit heures du matin l'aréomètre indique une tendance à la baisse.

Le thermomètre de la cuve indique un peu plus de 17° de chaleur ; le soir il atteint 18°. Je remarque un petit dégagement d'acide carbonique.

Le 6 avril. — La fermentation existe, en plein à huit heures du matin ; le thermomètre de la cuve marque 19° ; le moût a perdu un degré de liqueur ; le dégagement de l'acide carbonique est vif.

A 3 heures du soir le thermomètre est à 20°; la fermentation s'accentue davantage ; à 5 heures la fermentation développe une chaleur qui atteint près de 21° et devient tumultueuse.

Le 7 avril. — Je pèse le moût à l'aréomètre Beaumé ; à huit heures du matin le degré indiqué est 10°; soit : 2 degrés d'alcool formés. Le thermomètre indique 21°5 ; le soir il en marquait 23.

Le 8 avril. — Le thermomètre accuse à huit heures du matin 23°5; je pèse le moût à l'aréomètre, son poids est de 9°,5, soit : une perte de sucre de près de 3° ayant servi à produire 3° d'alcool , à 3 heures du soir le thermomètre atteint 25°.

La fermentation est excessivement vive et sa marche est excellente.

Devant la chaleur naturelle que développe la fermentation, je juge inutile de conserver, dans le cellier, une température de 22° et je la maintiens de 15 à 18°, environ, seulement.

Le 9 avril. — Le thermomètre, à huit heures du matin, indique 25°,5 ; l'opération suit un cours régulier ; le pèse-sirop m'annonce, en flottant dans le moût, un poids spécifique de 8° de liqueur, soit : une nouvelle perte d'un degré.

Le 10 avril. — Le thermomètre à huit heures du matin atteint 26° ; je pèse le moût qui n'indique plus que 7°.

La fermentation continue à être très-tumultueuse; le dégagement de l'acide carbonique se fait avec une telle force, qu'il éteint une bougie à 15 centimètres du tuyau d'où il s'échappe.

La fabrication du bi-carbonate de soude s'opère dans d'excellentes conditions ; les cristaux sont attaqués et je retire, près de 5 litres *d'eau de cristallisation*, du fond du réservoir à soude.

Je laisse cette eau exposée à l'air pour permettre l'évaporation, et la formation du bi-carbonate.

Le 11 avril. — La fermentation est à son apogée ; à huit heures du matin, le thermomètre se maintient à 26°, l'aréomètre indique une perte de 1°, 5 de sucre et par contre un bénéfice d'autant en alcool ; le poids liquoreux est de 5°, 5.

Le 12 avril. — Je consulte le thermomètre de la cuve, à huit heures du matin, et je remarque qu'il a des tendances à redescendre. La fermentation perd un peu de son impétuosité ; la transformation alcoolique continue cependant toujours très-régulièrement ; la densité du moût est de 4°.

Le dégagement de l'acide carbonique, quoique très-abondant, n'est point aussi vif que celui de la veille.

Le 13 avril. — Je remarque que la température intérieure de la cuve a décliné de 1°. Le thermomètre, à huit heures du matin, est redescendu à 25°; je me prépare à suivre l'opération bien exactement.

C'est la période de décroissance et le moment où le développement de chaleur naturelle qu'engendre la fermentation, à son début, s'arrête.

Afin d'éviter que les ferments ne s'engourdissent, je maintiens la tempétature du cellier à 15°, d'une manière bien regulière ; je pèse le moût, et l'aréomètre donne 3° de liqueur ; le dégagement du gaz acide carbonique est bien moins fort que précédemment.

Le 14 avril. — Dès mon arrivée, dans le cellier, je remarque la chute du thermomètre à 24°; le refroidissement des grappes continue, la fermentation s'affaiblit, l'aréomètre n'indique plus que 2° de sucre.

L'acide carbonique ne se fait plus que légèrement sentir. Une bougie, que je présente à l'orifice de l'ouverture ménagée au sommet de la cuve pour le dégagement du gaz, ne s'éteint que quand elle en est complètement rapprochée.

La production d'acide est presque arrêtée ; la fermentation, du reste, touche à sa fin; elle est lente.

Je remarque un fait dont la rareté mérite une mention spéciale : Ayant tiré, dans une éprouvette, du moût, de la partie la plus élevée, par un petit trou, j'observai une limpidité parfaite et même étonnante. Le vin, quoique possédant près de 2° de liqueur, et encore en fermentation, paraissait collé et clarifié.

Voici comment je crois pouvoir expliquer ce fait : L'acide carbonique, demeurant dans la cuve, quand la fermentation tumultueuse s'était arrêtée, avait, en quelque sorte, précipité les écumes et les matières en suspension, par la pression continue qu'il faisait sur la cuvée.

Je fais une épreuve, avec l'alambic de Salleron, pour connaître la richesse alcoolique véritable du vin ; le résultat de l'opération est : 9°,5.

Le 15 avril. — Le thermomètre est descendu à 21°, et la fermentation est insensible ; l'aréomètre n'a qu'un demi-degré de différence avec celui qu'il donnait hier ; le moût n'a donc plus que 1° de sucre.

Le 16 avril. — Le thermomètre descend toujours et indique 22° à peine. L'aréomètre accuse la perte d'encore un demi-degré, soit la presque complète disparition du sucre.

Je fais une nouvelle épreuve à l'appareil Salleron et j'obtiens 11°,5 d'alcool.

L'opération est de fait terminée.

Je soutirai mon vin, qui fut excellent, et qu'un grand nombre de négociants en vins prirent pour du picpoul, quand je l'eus collé et clarifié avec les précautions que j'indiquerai plus loin.

# CHAPITRE XV

## Du décuvage et du pressurage

Quant le liquide n'accuse plus que 0° à l'aréomètre Beaumé, il faut décuver le vin de raisins secs. Voilà le principe fondamental.

Après le soutirage, le liquide subit, durant quelques jours encore dans les tonneaux, une seconde fermentation qu'on a appelé la *fermentation lente ;* la partie liquoreuse achève, par une fermentation insensible, de se transformer. Le vin, retiré de dessus les grappes, ne risque plus ainsi de s'acétifier.

Le moment favorable, à choisir, pour un bon soutirage, a donné lieu à bien des discussions. Malheureusement, ainsi qu'il arrive toujours pour les contestations, dont le point de départ est obscur, les opinions n'ont jamais pu tomber d'accord.

Pour être fixé, exactement, sur le véritable moment du soutirage, il est incontestable qu'il est nécessaire de connaître si la transformation du sucre en alcool est terminée.

Pour le décuvage du vin de raisins frais il existe bien d'autres considérations. Ainsi, quand la fermentation vive a cessé, quand le sucre est changé tout entier en alcool, on ne devrait pas attendre plus longtemps, et il faudrait décuver, de suite, si les parties du moût, qui ne prennent pas une part directe à la fermentation alcoolique, les rafles, les pellicules, les pépins, ne jouaient aucun rôle important dans la formation du vin de vendange. Mais ces parties sont loin d'être inutiles ; elles donnent du tannin, de la couleur, des corps gras ; et ces corps ne sont pas, à beaucoup près, sans valeur.

Quant aux vins de raisins secs, en attendant que la science fasse revivre un jour, et la couleur, et le bouquet, ce qui, je l'espère,

arrivera bientôt, pour les vins de raisins secs,
dis-je, le fabricant reconnaît que le moment
du soutirage est arrivé, aux différents carac-
tères suivant :

L'aréomètre Beaumé, dont les indications
sont presque toujours certaines, lui offre dejà
un moyen simple de reconnaissance. En
suivant exactement les diverses variations du
thermomètre adapté à la cuve, on peut en
tirer aussi des déductions.

Mes lecteurs ont remarqué dans l'expérience que je viens de relater au chapitre
précédent, combien le thermomètre m'avait
été d'un grand secours pour suivre la marche
de l'opération.

En général, il est bon, pour soutirer, de ne
pas dépasser le moment où la chaleur s'est
dissipée toute entière. Ce qui est très vague.

En un mot, le moment le plus propice au
décuvage est le terme du développement de
l'alcool. J'appellerai donc complètement l'attention des fabricants sur ce point.

Pour être certain du montant opportun

on peut faire chaque jour les expériences suivantes : D'un côté peser le moût à l'aréomètre
Beaumé et d'un autre le distiller avec l'appareil de Salleron. Personne ne peut hésiter sur
le moment où l'on doit regarder la fermentation comme parfaite.

Afin de constater d'une manière aisée et
simple la disparition totale du sucre dans le
moût, il est encore un moyen indiqué par
Maumené et à la portée de tout le monde (1).

« On se procure du mérinos blanc, on le
» trempe pendant quelques minutes, dans
» une solution de 1 partie de bi-chlorure
» d'étain et 2 parties d'eau. On le fait sécher
» au bain-marie, sur une bande de même
» étoffe, et on le découpe en bandelettes
» (de 8 à 10 centimètres de long sur 3 de
» large.) Tous les pharmaciens prépareront
» ces bandes sans peine. Pour juger de
» l'absence du sucre dans le moût, on met
» une goutte de ce liquide, sur une bande-

(1) Maumené, parag. 420, page 313. (*Traité du
travail des vins*).

» lette, et on la chauffe doucement, au-des-
» sus d'un ou deux charbon. La goutte sèche
» promptement, et, tout-à-coup, elle devient
» noire, s'il reste du sucre, cette couleur
» noire se forme avant que le mérinos com-
» mence à jaunir par l'action du feu. Le
» sucre se change en *caramélin*. »

Il est pourtant nécessaire de prendre quelques précautions pour éviter autant que possible le contact de l'air. La meilleure précaution est de conduire le vin dans les tonneaux au moyen de tuyaux en cuir ou en
caoutchouc.

Voici les conséquences qu'on peut tirer
des principes que j'ai établis ci-dessus :

1° Le décuvage doit se faire dès que la
partie sucrée s'est transformée en alcool ;

2° Quand le vin, que l'on fait est destiné à
la distillation et que le but qu'on se propose
est la formation d'une grande quantité d'alcool, on peut laisser cuver, plus longtemps,
pour permettre cette formation.

Les vins, dans ce cas, sont susceptibles de

prendre des faux goûts. Le fabricant doit
éviter cela quand le vin est destiné directement à la consommation.

Lorsqu'on a soutiré tout le vin, il faut s'occuper au plus vite, surtout l'été, de faire sortir, au
moyen de la pression, celui qui reste absorbé,
en assez grande quantité, par les parties solides,
des, telles que les rafles, les pellicules, etc.
On transporte donc les grappes *au pressoir*.
Je crois qu'il n'est pas nécessaire de décrire
ici la forme de cet instrument et les moyens
de s'en servir. Tout le monde le connaît. La
majeure partie de mes lecteurs, déjà viticulteurs, ont probablement dans leur cellier cet
appareil. Depuis quelques années surtout, il
est permis aux agriculteurs, de passer une
véritable revue de toutes les innovations que
cet appareil a reçues, en visitant les concours
régionaux. Il en est de plusieurs sortes : A
levier, à vis ou à coins. Ces derniers, sont
presque partout abandonnés et remplacés par
les premiers, à cause de la différence de rendement que l'on obtient. La quantité, de

liquide, contenue dans les marcs de raisins secs est relativement énorme.

Avec un bon pressoir, on retire encore tout près d'un quart de la cuvée.

Cette opération est comme on le voit essentielle.

Le parti qu'on peut tirer du marc de raisins secs, comme je l'indiquerai, étant assez avantageux, il convient de presser, le plus possible, les grappes et de les sécher. Sinon, leur tassement donne naissance par l'échauffement, aux fermentations acides, extérieurement, et putrides, intérieurement ; dans cet état elles ne peuvent servir exclusivement que comme engrais pour la culture.

Je pense qu'il n'est pas besoin de rappeler à mes lecteurs, l'usage qu'ils peuvent faire, des grappes de raisins secs, avec les moyens que j'indique aux chapitres des *fabrications spéciales* et du *sucrage*.

Quant le fabricant se propose d'obtenir des vins de première qualité, il ne doit pas mélanger *le vin de presse* avec le *surmoût* où premier vin.

J'ai recommandé d'activer le plus possible le décuvage, je ferai la même recommandation pour le pressurage.

En été, l'acide acétique se forme avec une rapidité extraordinaire sur les grappes de raisins secs imprégnées de vin ; or, comme la quantité de liquide qu'elles contiennent est, comme je l'ai dit, considérable, ce serait une véritable désillusion pour le fabricant, si, comptant sur un rendement, certain, de vin, une grande partie n'était que du vinaigre.

On doit donc se tenir tenir en mesure pour que l'opération du pressurage soit rapidement faite.

Dès que l'on est certain que la fermentation va être terminée, on prépare un récipient large et bas pour recevoir les grappes. A mesure que le vin s'écoule par le bas de la cuve à fermenter, un homme rejette par le haut, dans le récipient dont je viens de parler, les grappes de raisins secs au fur et à mesure qu'elles se trouvent abandonnées par le liquide. On presse de suite, soit directement soit au moyen de scourtins en sparterie. Les grappes qui ne sont pas altérées donnent un vin susceptible, une fois bien clarifié et collé, d'être mélangé sans difficulté avec celui du premier jet.

# CHAPITRE XVI

## Emploi des Marcs et Résidus

L'emploi des marcs a déjà trouvé une première application dans les chapitres précédents ; je ne reviendrai donc pas sur ce sujet, et je vais m'occuper des autres moyens de tirer parti des grappes et du marc de raisins secs.

Ainsi qu'on va le voir, les applications sont nombreuses.

Les grappes peuvent servir pour :

La distillation,

La fabrication du vinaigre,

La nourriture des animaux,

L'engrais végétal,

La fabrication du *Verdet* (1)

---

(1) Vert-de-gris.

La fabrication du carbonate de potasse ;

Les pépins eux-mêmes ont des destinations spéciales.

### La Distillation des Grappes

Les marcs de raisins secs, suivant le degré alcoolique du vin que l'on a fabriqué, fournissent encore jusqu'à 5 0|0 d'alcool.

On les distille, généralement, pour en faire de l'eau-de-vie. Cependant, malgré les perfectionnements que l'on a apportés à leur distillation, l'alcool provenant de cette source est toujours de mauvais goût ; il est même difficile de s'en servir comme boisson.

Cela tient à un alcool particulier qu existe dans les pépins de raisins secs, comme dans ceux de raisins frais : l'*alcool amylique*.

Cet alcool est d'une âcreté extraordinaire.

L'huile essentielle, dont je vais parler plus loin, que contiennent les pépins, communique aux eaux de vie que l'on obtient, un mauvais goût et une saveur détestable.

Il existe, cependant, quelques méthodes particulières pour extraire l'alcool amylique. Je vais les citer, sans m'appesantir sur leur description qui n'intéresserait peut-être pas la généralité de mes lecteurs.

Un distillateur français, M. J. Brunet, distille le marc dans un courant de vapeur d'eau.

Il place le marc dans des paniers, de tôle, percés de trous, et les fait descendre, se poussant les uns les autres, dans une colonne verticale en fonte ; il dirige alors, à travers cette colonne, un courant de vapeur d'eau, fourni par un générateur. La vapeur arrive par le bas, traverse les paniers percés de trous, emporte la vapeur d'alcool, et vient se condenser, avec lui, dans le serpentin; l'alcool du vin, étant plus volatil que l'alcool de marc, (alcool amylique) est seul entraîné à l'état de vapeur, par le courant de vapeur d'eau ; l'alcool de marc reste dans le résidu.

M. Désiré Savalle, notre célèbre construc-téur français, a proposé une méthode particuliére pour obtenir de l'alcool de marc de bonne qualité. Elle consiste à faire gonfler le marc par l'eau tiède et à le soumettre à une pression convenable.

Sa méthode est simple et facile ; elle consiste en un lavage du marc : on verse celui-ci dans une cuve où on ajoute un hectolitre et demi d'eau tiède, à 30 ou 40°, par hectolitre de marc pressé. On remue fortement le mélange pour permettre aux grappes de se gonfler de nouveau. Comme pour l'opération du trempage, on laisse le marc, pendant 12 heures environ, s'imprégner. Après ce délai, qui est généralement suffisant, on passe au pressoir les marcs chargés d'eau, celle-ci s'écoule et entraîne avec elle tout l'alcool contenu dans le marc.

En soumettant ce liquide à la distillation, on obtient un alcool excellent qui, lorsqu'il est rectifié dans un bon appareil, fournit un 3|6 extra-fin.

En effet, cet alcool est débarassé des huiles lourdes, infectes, retenues dans les pépins, dans la pelure et dans la râfle du raisin.

Voilà, je crois, un aperçu suffisant de l'emploi des grappes de raisins secs quant à la distillation.

Occupons-nous de leur utilité comme ferments acétiques.

### La Fabrication du Vinaigre

Quand on veut obtenir de l'excellent vinaigre, on expose le marc de raisins secs, à l'air, en l'humectant légèrement avec du vin de presse, ou un peu d'eau ; les grappes, doivent former le tas, afin qu'elles puissent s'échauffer et fermenter ; tous les deux jours environ on les agite pour activer l'acétification.

Il faut pourtant que la température ne soit pas trop froide ; sinon, la fermentation, ne pouvant être acétique, serait putride et butyrique. A 15° environ le vinaigre se forme assez facilement.

L'été, cette fabrication peut se faire en plein air, seulement les tas doivent être ar-

rosés et remués souvent, car l'acidification du
marc est rapide.

Sans cette précaution, le marc se dessèche
et empêche, par son état de dessication, toute
fermentation.

Le moyen ordinaire de reconnaître que le
vinaigre est fait consiste en général dans la
dégustation du liquide ; quand on sent qu'il
est d'un degré convenable d'acidité, on pres-
sure de nouveau les marcs, pour en extraire
le produit de cette nouvelle fabrication.

Ce vinaigre doit être tenu dans des futailles au deux tiers pleines et à moitié bou-
chées ; l'hiver, dans une température tiède et
l'été, en plein air.

Il ne tarde pas à devenir assez fort pour
constituer lui-même une *mère*, de vinaigre,
excellente.

### La Nourriture des Animaux

Tous les marcs de raisins secs ne sont pas
aussi propices, les uns que les autres, à la
nourriture des animaux.

Les qualités qui contiennent beaucoup de bois de grappes sont moins favorables et moins bonnes.

Les grappes des Corinthe, des Vourla et des Samos sont celles dont on peut faire la meilleure application à la nourriture du bétail.

Les grappes de Thyra, au contraire, très-aptes soit à la fabrication du vinaigre, soit au fumage de certaines qualités de terrain, ne peuvent presque pas s'employer pour donner en pâture.

A l'état frais, et sortant du pressoir, le cheval mange volontiers le marc de raisins secs ; pour le lui faire aimer, il convient de ne pas trop lui en donner à la fois.

Il faut aussi être certain que les grappes ne soient pas acides, car la bête les rejette et ne veut plus en manger.

J'ai nourri ainsi, pendant longtemps, variant sa nourriture avec du son et de la paille, un cheval poussif au suprème degré.

L'animal, que j'avais choisi à dessein dans

cet état, au bout de deux mois de ce régime, se portait très-bien, avait engraissé et ne soufflait presque plus.

Quelques chevaux, surpris au début par ce genre d'alimentation, refusèrent absolument d'y goûter ; j'ai réussi à le leur faire manger en mélangeant ce marc avec du son ; plus tard, l'habitude de ce genre de nourriture la leur faisait préférer.

Une des causes, qui font que certains chevaux, quoique ayant déjà mangé du marc de raisins, le délaissent, est l'exagération dans laquelle tombent souvent les personnes chargées de le leur donner ; si à cause de la quantité, le cheval n'achève pas sa ration de marc, celui-ci s'échauffe dans la crèche et s'aigrit. Cet animal, dont tout le monde connaît les goûts délicats, cesse de se nourrir du marc, dès que celui-ci se trouve en cet état.

Les cochons s'engraissent aussi, très-bien, avec le marc de raisins secs en le pétrissant avec le son liquide et les pommes de terre qui font la base de leur nourriture. — J'ai fourni, à plusieurs éleveurs, des quantités considérables de grappes pour cet usage.

Quand on veut conserver longtemps, et en bon état, les grappes que l'on destine à la nourriture des vaches, brebis, etc., on suit la méthode suivante, qui m'est communiquée par un agriculteur, propriétaire d'immenses pâturages situés aux Milles, à Roquefavour et à Peyrolles, près d'Aix-en-Provence.

Voici comment s'exprime M. Fernand Montel dont nul ne peut contester l'expérience et les connaissances pratiques en la matière :

« Quand on se dispose, à employer le marc de
« raisins secs, pour la nourriture des bestiaux,
« on doit s'attacher, au pressurage, à le sécher
« presque complètement par une grande
« pression ; on évite ainsi les causes de fer-
« mentations secondaires qui nuisent à leur
« bonne conservation. On remplit ensuite
« des tonneaux, dans lesquels on le tasse le
« plus possible.

« Pour éviter le contact de l'air, on re-

« fonce, très soigneusement, les tonneaux,
« ou bien on les recouvre, d'une manière
« parfaite, avec de la terre argileuse prépa-
« rée très purement ; cet enduit s'obtient en
« faisant dissoudre de la terre d'argile, ordi-
« naire, dans de l'eau qu'on laisse ensuite
« reposer, pour en retirer l'argile à l'état de
« pâte très fine. »

C'est avec un véritable plaisir que je fais
part à mes lecteurs de ce procédé, qui peut
être utile à plusieurs d'entre-eux, propriétaires de bestiaux.

Lorsque la mauvaise saison ne permet pas
au bétail d'aller aux champs, on détrempe
environ 3 kilog. de ce marc dans de l'eau tiède, avec du son, de la paille, des navets, des
pommes de terre, des feuilles de chêne ou de
vigne, qu'on a conservées exprès dans l'eau ;
on peut ajouter un peu de sel à ce mélange
dont les animaux mangent deux fois par jour.

On leur en donne le matin et le soir.

Les vaches et les brebis aiment beaucoup
cette nourriture, mais il faut agir modéré-

ment à leur égard de crainte que leur lait ne
se tourne.

### L'Engrais Végétal

Les viticulteurs et agriculteurs, en général,
ne se sont pas assez rendus compte des services que les marcs de raisins secs et frais
pourraient rendre, relativement à leur emploi, pour le fumage des terres.

Le marc de raisins secs, non-seulement
constitue un engrais remarquable pour certains terrains, mais est unique pour les qualités qu'il apporte avec lui.

Tous les raisins secs, à cause de leur état,
ne sont point à un même degré favorables à
cette application ; plus il s'y trouve du bois
de grappes, meilleurs ils sont.

Les Thyra, et les qualités similaires de raisins secs, remplissent complètement ce but.

M Georges Rodrigues, qui s'est occupé
tout particulièrement de cette question et a
fait un travail très important sur l'emploi
pratique des engrais, dit ceci :

« L'engrais le plus favorable pour la cul-
« ture des prairies, des terrains gras ou
« argileux est assurément le marc de raisins
« mélangé de fumier de cheval.

« Ce dernier, employé seul, est excellent
« pour la culture des champs et des terrains
« pierreux; mais dans les cas que je cite plus
« haut, son effet est complètement neutralisé
« par la terre qui le recouvre, laquelle forme
« pour ainsi dire, autour de lui, une enve-
« loppe hermétique qui empêche à ses gran-
« des qualités de se développer. Mélangé
« au marc de raisins, le terrain est sou-
« levé par ce dernier, le tassement n'est
« plus possible, et l'action du fumier de che-
« val, dans cette terre, est complète. Ce qui
« n'a pas lieu en employant ce dernier en-
« grais tout seul. »

Le fait qu'avance M. G. Rodrigues, est incontestable. Le marc de raisin divise la terre
et permet aux racines des plantes de prendre
toute la nourriture et l'espace dont elles ont
besoin.

M. Derbès, professeur d'histoire naturelle à la Faculté des sciences de Marseille, dont les savantes recherches, bien connues du monde scientifique, ont fait tant apprécier les capacités, dit que les marcs de raisins secs pourraient trouver un emploi remarquable dans le fumage des vignobles.

Les conclusions de ce savant méritent d'être citées. Ceci s'adresse aux agriculteurs possédant encore quelques vignes que le phylloxera n'a pas atteint ou semble avoir oublié.

M. Derbès, ainsi que beaucoup de nos célèbres académiciens, s'occupe de la vigne, de sa maladie et des moyens de la combattre.

Après avoir assisté à bien des expériences qui, malheureusement n'avaient abouti à aucuns des résultats pratiques qu'on attendait d'elles, il conseilla le fumage des vignes avec du marc mélangé d'engrais.

Il appuyait son assertion sur un fait qui est indubitable.

Le marc de raisins possédant au suprême degré les sels dont la vigne a besoin pour croître d'une façon robuste, remplissait, en agissant ainsi, deux conditions importantes : la première, de créer autour du tronc des vignes, l'espace nécessaire au passage de l'eau, soit d'arrosage, soit de pluie.

La deuxième, d'éviter de fumer les vignes avec des engrais, dont quelquefois la force des matières qui les constituent, brûle les radicelles et entraîne à la mort beaucoup plus souvent que le phylloxéra.

On peut essayer la méthode dont je viens de parler ; là, peut-être, se trouve un moyen de délivrance.

### La Fabrication du sous-acétate de cuivre, dit Verdet

Depuis longtemps déjà, les propriétaires des provinces du Midi se livrent à la fabrication du sous-acétate de cuivre, générale-ment appelé *vert-de-gris* et *verdet,* au moyen du marc de raisins frais.

A Narbonne, dans le département de l'Aude, cette fabrication qui est assez étendue, m'a donné l'idée d'en faire l'application au marc de raisins secs.

On peut essayer de la manière que M. H. Pinel, propriétaire et fabricant de produits chimiques, à Labruguière (Tarn), l'indique pour le marc de raisins frais.

« On étend les marcs, légèrement humides
« dans des caves d'une température tiède.
« On fait des couches d'une épaisseur de
« 20 à 50 centimètres suivant la quantité
« qu'on veut produire. On place sur le marc
« ainsi étendu, des feuilles de cuivre minces
« que l'on recouvre de nouveau avec du
« marc. Il se produit de l'acétification au
« contact des feuilles qui s'oxydent et pro-
« duisent le sous-acétate de cuivre.

« Pour recueillir ce sel, des femmes frap-
« pent sur les feuilles ou les grattent avec
« des instruments pour faire tomber le vert-
« de-gris.

« Les plaques de cuivre, que l'on choisit

« de préférence, sont des plaques en mau-
« vais état ayant servi au doublage des na-
« vires. »

### La Fabrication du Carbonate de potasse.

Le marc de raisins secs donne aussi
d'assez brillants résultats, quand on en retire
du carbonate de potasse.

Dans ce cas on le brûle : 1,000 kilog. de
marc donnent environ 120 à 125 kilog. de
cendres, pouvant fournir 26 à 27 kilog. de
carbonate de potasse.

### Emploi des Pépins

Les marcs des raisins secs peuvent servir
de nourriture à la volaille.

Les pépins sont un engrais recherché pour
les gallinacés.

J'ai nourri chez moi, durant trois mois, environ, toute une couvée de poules, errant en
liberté, picotant à droite et à gauche les pépins et les grappes qui, à la suite des diverses
manipulations, gisaient sur le sol.

On peut extraire des pépins une huile essentielle très-recherchée par certaines industries. Je porte ce fait à la connaissance des fabricants, qui jugeront le parti qu'ils pourront en tirer.

Les pépins peuvent aussi servir à la préparation du tannin de raisin.

Cette question, excessivement sérieuse, doit attirer l'attention des viticulteurs et producteurs. Les vins de raisins secs sont généralement pauvres en tannin.

L'addition de cette substance est considérée, par tous les œnologues, comme un préservatif des plus efficaces contre les altérations du vin. Il existe un grand nombre de végétaux qui en contiennent.

De ce nombre sont : les noix de Galles, le cachou, la gomme kino, etc.

Malheureusement le tannin, extrait de ces végétaux, offre les inconvénients les plus graves pour la santé.

C'est-à-dire que, se combinant avec la gélatine, il forme un corps insoluble, le tannate de gélatine; or, l'effet qu'il produit, est celui de *tanner* les membranes animales.

Leur action peut s'exercer sur les membranes de l'estomac et des intestins et occasionner de graves affections.

Maumené indique aussi le moyen de préparer du tannin avec les pepins (1).

M. A. Chevallier Appert, 15, rue de la Mare, Paris, fils du célèbre inventeur du chauffage des vins, qui s'est occupé de cette importante question, a résolu le problème de fournir au commerce et principalement à notre industrie un Œnotannin préparé tout spécialement pour les vins de raisins secs. Les nombreux témoignages de satisfaction qu'il a reçus, nous sont un juste garant du succès qui s'attache à sa découverte. D'après M. Fauré, l'éminent analyste des vins de la Gironde, l'Œnotannin est d'une grande utilité, **non-seulement comme principe conser-**

---

(1) Maumené, parag. 207, page 162. (*Traité du travail des vins.*)

vateur, mais encore comme élément propre à le débarrasser de plusieurs autres
principes qui s'y trouvent en excès. Je
parlerai plus loin de son emploi dans le chapitre 21, *des maladies des vins de raisins
secs*, auquel je prie le lecteur de se reporter.

Ainsi qu'on l'a vu, les marcs de raisins
secs offrent une grande variété d'applications.

Les fabricants pourront, suivant leurs besoins et leurs goûts, en tirer les conséquences qu'ils jugeront les plus favorables à leur
industrie.

## CHAPITRE XVII

## De la mise en futaille et des soins à donner aux vins.

———

Les vins de raisins secs, une fois terminés, demandent, comme les vins de vendages, de grandes précautions pour leur logement dans les tonneaux.

Il convient que le fabricant prépare au moment du décuvage des tonneaux d'une grande propreté.

Je ne ferai point ici la description des bois qui sont plus ou moins préférables pour loger le vin.

Les bois de chêne et de châtaignier, dont la plupart de nos foudres sont construits, offrent toutes les qualités requises pour cela.

Les soins à donner aux tonneaux vieux

sont très-importants, les vins s'emparant avec la plus grande facilité des moindres goûts bons ou mauvais ; les tonneaux qui seraient restés longtemps sans contenir du vin, ont besoin d'un énergique lavage.

Il en est de même pour l'emploi des tonneaux ou futailles neuves.

Voici les diverses méthodes généralement employées pour préparer les tonneaux.

Quant le tonneau, quoique vieux, a déjà contenu du vin, on le lave avec de l'eau froide en le remuant fortement (si les dimensions du tonneau ou de la futaille le permettent) après y avoir introduit une chaîne de fer, qui détache toutes les impuretés qui ont pu se loger sur les douves.

Quand les tonneaux, en bois de chêne ou autres, sont neufs, de crainte qu'ils ne communiquent aux vins des mauvais goûts, on les rince d'abord avec de l'eau bouillante dans laquelle on a jeté du sel ; après cette opération, quand les tonneaux sont bien égouttés, on pratique avec de l'eau froide comme je le disais plus haut.

Voici une autre manière d'employer le moyen que je viens donner pour les bois neufs :

On passe de l'eau chaude salée à plusieurs reprises dans les futailles, on agite ce liquide avec soin et on l'y laisse séjourner assez longtemps pour qu'il en pénètre le tissu et en extraie le principe nuisible.

Si les tonneaux, dont on veut se servir pour la fabrication du vin de raisins secs, sont trop vieux et si l'on craint qu'ils aient contracté quelques mauvaises qualités, telles que : moisissure, goût amer, de sec, etc., il faut les défoncer et les brûler. Il est possible, quoique difficilement, de faire disparaître ces graves défauts, mais il est à craindre qu'ils ne reparaissent.

On défonce les futailles dans cet état, on enlève avec un instrument tranchant la couche de tartre qui en tapisse les parois et on fait brûler légèrement son intérieur.

Quand, cependant, les foudres ou les tonneaux que l'on possède ont de trop grandes
proportions, le meilleur moyen pour arriver
à un bon résultat, sans beaucoup de frais,
est celui-ci : On fait entrer d'abord dans le
foudre une personne qui doit nettoyer complétement les parois et enlever les moisis-
sures qui peuvent les recouvrir. Quand un
premier passage de brosse à l'eau froide est
fait, on rafraîchit d'une manière complète,
en changeant l'eau, jusqu'à l'obtention d'une
parfaite limpidité.

On éponge soigneusement le liquide qui
peut rester et on laisse sécher à l'air.

Cette première condition remplie, on met
dans l'intérieur du foudre que l'on veut pu-
rifier, des morceaux de pierre à chaux, en
plus ou moins grande quantité, suivant sa
capacité.

On verse sur ces pierres à chaux de l'eau
froide, en fermant, immédiatement après, toutes les issues : trou de bonde et porte ; peu à
peu au contact de l'eau, la chaux développe

en bouillant une vapeur considérable qui force le bois des douves intérieures à *pleurer*, suivant l'expression des tonneliers.

Quand on comprend qu'il est nécessaire de permettre un dégagement de vapeur, à cause de la grande quantité produite, on ouvre légèrement le trou de la bonde qui sert, pour cette occasion, de dégagement.

Sans cette précaution la dilatation de la vapeur ferait éclater le vaisseau; on peut laisser la chaux dans l'intérieur durant plusieurs heures.

On ouvre ensuite le tonneau que l'on déblaie et qu'on lave à grande eau froide.

Quand les tonneaux ont seulement besoin d'être mis en état, on emploie, avec succès, le vin chaud dans lequel on a fait dissoudre du sel ordinaire, pour les laver et les rendre aptes à recevoir le vin.

L'odorat ne suffit pas toujours pour reconnaître si les foudres ou les futailles sont propres à contenir le vin. Pour être certain de leur bonne disposition, il suffit de plonger

dans la barrique ou le tonneau, par le trou de
la bonde, un morceau de mèche soufrée, allumée, et fixée au bout d'un fil de fer. Si la
mèche soufrée s'éteint c'est que l'intérieur
du fût a besoin d'un nouveau nettoyage.

Dans les tonneaux, dont les douves intérieures ont gardé de la lie qui s'est acétifiée
ou qu'il s'est produit quelques fermentations
putrides, la mèche soufrée s'éteint immédiatement ; il faut alors chasser, au moyen d'un
soufflet, l'air corrompu que peut contenir la
futaille.

Pour cela, on fait arriver au fond de la barrique, au moyen d'un tuyau, l'air nouveau
qu'envoie le soufflet ; au bout de quelques
instants, l'atmosphère de l'intérieur du fut
est complètement purifiée ; on en acquiert
la preuve en y présentant la mèche soufrée.

La préparation, la plus nécessaire, à faire
subir aux foudres qui doivent recevoir le vin
de raisins secs, est encore le *soufrage.*

Le vin de raisins secs, quoique ayant fermenté régulièrement, est sujet, beaucoup

plus que le vin de raisins frais, à subir l'influence des fermentations secondaires.

Il est donc important de paralyser au plus tôt les ferments qui y demeurent.

Presque tous les vins, difficiles à clarifier, n'ont point d'autres causes que celles que je viens de citer. Il faut donc prévenir ce danger. Lorsque le tonneau, qui doit recevoir le vin, est dans l'état de propreté voulu, on doit brûler à l'intérieur plusieurs mèches soufrées.

Les tonneaux gagnent beaucoup à cette opération; l'acide sulfureux, qui se dégage en brûlant, pénètre dans les pores du bois et y tue les animalcules qui pourraient y demeurer ; d'un autre côté, le vin de raisins secs, comme je l'indiquerai plus loin, subit l'influence de ce premier *mutage* qui est très-important.

J'ai parlé précédemment de la fermentation *lente* ou *insensible*, ainsi nommée à cause du caractère particulier qu'elle présente. Elle est sans chaleur, lente, et presque sans dégagement d'acide carbonique.

Ce qui donne naissance à cette nouvelle fermentation, est la petite partie, de sucre, non transformée au moment du décuvage ; il se développe un peu d'alcool, mais la quantité est de très petite importance.

Les vins de raisins secs éprouvent plus qu'aucun autre vin cette seconde fermentation. Le fabricant doit donc attacher un grand intérêt à connaître les moyens de la conduire et surtout de l'arrêter.

Quand on décuve le vin de raisins secs il est généralement trouble ; une grande partie de matières, soit terreuses, soit gommeuses, inhérentes à cette qualité de boisson, s'échappent avec elles dans les tonneaux. On laisse reposer le vin dont la grosse lie se précipite ; au bout de quelques jours on transvase le vin, auquel on applique les moyens de bonification et de conservation, dont je vais parler aux chapitres suivants. et qui se résolvent dans : le *soufrage*, le *collage* et le *soutirage*.

Les grosses lies de vins de raisins secs, se

recueillent facilement, avec des copeaux de bois de hêtre. J'ai fait plusieurs expériences, dans ce sens, qui m'ont prouvé combien il était facile de séparer, très vite, la lie de la masse du vin.

J'ai employé, de préférence, les copeaux de hêtre, à l'état naturel, pour le tannin que ce bois contient en assez grande quantité. On ne peut faire qu'un usage restreint des copeaux ainsi, à cause du goût qu'ils peuvent communiquer au vin. On peut, si on veut les employer sans aucune crainte, les faire bouillir dans une chaudière avec de l'eau, et les faire sécher au soleil. Dans cet état, ils peuvent s'employer impunément.

L'explication de l'emploi de ces copeaux, est facile à donner : Plus le vin, dans les tonneaux, trouve de surface, plus la lie se sépare promptement.

Le dépôt, devant s'amasser au fond de la futaille, n'y arrive, sans cette précaution, que dans un laps de temps plus long, à cause des légers mouvements de fermentation que le vin de raisins secs éprouve encore ; mouvements qui sont produits par la lie. Au moyen des copeaux, les couches de lie sont moins épaisses et surtout plus adhérentes ; ce qui empêche qu'elles ne subissent une nouvelle impulsion, pour s'élever et se mélanger au vin.

Les copeaux de bois de hêtre sont surtout nécessaires pour aider la précipitation des lies de vins de raisins secs à degré élevé. Il est beaucoup plus facile d'obtenir des produits brillants, et en peu de jours, quand le titre alcoolique est de 7 ou 8°. Dans les vins de 12° et au-dessus, malgré tous les soins qu'on peut prendre, pour faciliter la transformation du sucre en alcool au moment de la fermentation tumultueuse, il en reste une petite partie qui ne se transforme qu'après. Cela tient, dans le premier cas, à la différence d'eau de fabrication qui, à cause de sa quantité, dissout complétement la partie sucrée, tandis que dans le second cas, l'eau mise avec parcimonie, est presque saturée de sucre.

Quand le vin de raisins secs vient d'être décuvé et qu'il repose dans les tonneaux, il faut bien se garder de les remplir et de fermer complétement la bonde. On laisse durant deux ou trois jours, suivant la bonne qualité des vins qu'on a fabriqués, le bouchon posé simplement sur le trou de la bonde. Cette précaution a pour but, dans le cas d'une reprise de fermentation, de donner passage à l'acide carbonique qui peut se développer et éviter ainsi un accident.

La température du vin, sortant de la cuve à fermenter, est toujours beaucoup plus élevée que celle du tonneau dans laquelle il arrive.

Le vin de raisins secs subit l'influence de ce changement plus que ne le subissent bien des vins ; le froid paralyse très-facilement, chez lui, la fermentation ; la transition qu'il éprouve, en passant de la cuve dans les foudres, peut être utilisée d'une manière très favorable par le fabricant.

Si l'on veut conserver les vins, pour leur

permettre de se terminer complétement et de
développer leurs qualités, au bout de quelques jours, on ferme complètement les tonneaux, afin d'éviter le contact de l'air. Le fabricant doit savoir que l'acide acétique ou
vinaigre, qui se forme avec la plus grande
facilité dans les tonneaux où l'air a pénétré,
est une combinaison d'oxygène et d'alcool.
Il est essentiel, alors, de ne point laisser se
former le vide dans les futailles. Ce dernier
fait tient à l'évaporation qui se produit par le
dégagement de l'acide carbonique, dont le
vin était saturé au sortir de la cuve, et dont
il a pu se former une petite quantité depuis
le décuvage.

Il faut remplir sans cesse, pour remplacer
le liquide manquant. Pour que le tonneau
soit en bon état de conserve, il est nécessaire
que le bouchon de la bonde soit toujours
humecté par le vin. Quand on peut le faire, il
convient même que la bonde soit un peu
tournée de côté, de façon que le bouchon soit
en contact continuel avec le liquide, ce qui

empêche l'air de pénétrer, et évite l'opération,
presque quotidienne du remplissage des tonneaux. Cette opération, qu'on nomme *ouillage*, consiste comme on vient de le voir, à
combler tous les 2, 4 ou 15 jours, le vide
que l'évaporation a fait.

Quand le vin de raisins secs est de dégré
alcoolique bas, et que l'ouillage n'a pas été
régulièrement pratiqué, il se couvre souvent
de *fleurs*. Dès qu'on s'en aperçoit, on doit
s'empresser d'ouiller, pour faire disparaître
l'altération que le vin subit.

Il ne faut pourtant pas ouiller en versant
le vin directement ; celui-ci, en tombant,
refoule le vin gâté qui est au-dessus, et le
mélange avec l'autre. Pour éviter cet inconvénient, on fait arriver le vin, qui sert à faire
le plein, par le bas du fût : on plonge dans
la barrique un tube en verre léger ; en l'introduisant, on ferme hermétiquement l'extré-
mité que l'on tient dans la main ; quand le
tuyau arrive au fond, on le soutient pour
qu'il n'agite pas la lie qui pourrait trou-

bler le liquide, et on vide le vin au moyen d'un entonnoir. Le liquide, qui arrive lentement dans la futaille par les couches inférieures, force, quand le tonneau est plein, les couches supérieures à se déverser, et avec elles, les *fleurs*. Il se perd bien un peu de liquide, mais la quantité est insignifiante et ne vaut pas la peine qu'on s'y arrête.

Je vais indiquer, maintenant, les soins qu'on donne au vin pour obtenir des produits irréprochables et de conserve. Ils sont bien simples, et déjà probablement connus de la plupart de mes lecteurs. Je ne m'étendrai donc que sur les innovations que je croirai pouvoir se rattacher, d'une manière particulière, aux vins de raisins secs.

## CHAPITRE XVIII
### Du Soufrage

———

On appelle *soufrer*, *mêcher* ou *muter* un vin, l'action de l'imprégner de vapeur sulfureuse par la combustion de mèches soufrées.

La manière de composer les mèches soufrées, varie dans beaucoup de régions vinicoles. La plupart des fabricants, viticulteurs ou négociants, emploient la mèche soufrée ordinaire qui se compose de morceaux de toile, de un à deux centimètres de largeur, trempée dans le soufre fondu. Quelques-uns se servent de petites mèches appelées *soufrettes* ; ce sont des morceaux d'attaches, minces, préparés de la même manière. Je signalerai aux personnes qui emploient ces sortes de mèches, les inconvénients qui peuvent naître, pour les tonneaux et surtout pour le vin, des émanations méphitiques, provenant de la combustion de la toile qui sert à la confection des mèches.

Un grand nombre d'altérations des vins, dont on recherche avec difficulté la cause, proviennent de là.

J'évite ce danger en faisant préparer mes mèches à soufrer de la manière suivante : au lieu d'employer les chiffons comme base, je me sers du papier, trempé préalablement dans l'esprit de vin. On devine tout de suite l'avantage immense que l'on recueille avec ce moyen de préparer les soufrettes. La combustion du papier se fait en entier, sans dégagement de mauvaise odeur.

Je recommande l'emploi de ce genre de mèches, dont toutes les personnes qui s'occupent de vin en général, reconnaîtront bien vite, l'incontestable supériorité (1).

Comme j'ai déjà eu l'occasion de le dire plus haut, le moyen le plus énergique, pour

_____

(1) Adresser les demandes au dépôt principal, Maison J.-F. Audibert, 8, Bd Chave, Marseille.

arrêter la fermentation dans les vins de raisins secs, est le mutage au soufre. Les ferments, qui peuvent se trouver encore dans le
vin, n'y demeurent qu'à cause de la présence
de l'oxygène que le moût avait absorbé au
moment de la fermentation et dont il reste
encore une petite partie. L'acide sulfureux,
qui se dégage par la combustion du soufre,
très avide d'oxigène, s'empare et enlève celui
qui peut se trouver en dissolution dans le
vin et dans les lies. Les principes fermentes-
cibles cessent d'exister sitôt la disparition de
ce gaz. D'un autre côté, l'acide sulfureux,
se combinant avec l'oxygène, forme de l'acide
sulfurique dont tout le monde connaît les
propriétés pour la destruction des corps or-
ganiques.

Par ces deux actions, concourant au même
but, le soufre peut être regardé comme un
des agents les plus actifs, pour détruire la
fermentation et en préserver les vins.

Les vins de raisins secs, à cause de leur
nature et surtout des époques dans lesquelles

on les fabrique, sont plus portés à voir naître chez eux des fermentations que les vins récoltés seulement en automne.

On comprend combien il est facile, en été par exemple et par les fortes chaleurs, que le vin, quel qu'il soit, s'acétifie, si on néglige de tenir le tonneau qui le contient bien ouillé. Or, le vin, que l'on fabrique à cette époque, profite, il est vrai, de la température très chaude qui règne, mais court la chance, si on n'y veille, de terminer sa fermentation alcoolique insensible dans les tonneaux, et de commencer sans solution de continuité la fermentation acétique.

Pour prévenir cet accident, on doit toujours, au moins légèrement, *muter* le vin de raisins secs au soufre. Il est des cas où le mutage est indispensable. Lorsque je donnerai des détails sur la fabrication des vins d'imitation, je montrerai combien, pour conserver la partie liquoreuse nécessaire aux imitations que l'on projette, il faut arrêter la fermentation par un fort mutage au soufre d'abord et à l'alcool ensuite.

Le soufrage consiste donc à faire dissoudre, dans le vin, le gaz [sulfureux. Quand on se dispose, soit à conserver, soit à expédier pour un long voyage du vin nouvellement fabriqué, la quantité d'acide sulfureux à faire dissoudre dans le vin est grande; au contraire, pour le mutage employé comme préservatif, la quantité d'acide est peu importante.

Il existe plusieurs manières de muter les vins au soufre. La plus ancienne consiste, pour un demi muid de 500 litres par exemple, à y verser 30 litres de vin et à y faire brûler une mèche soufrée de 4 centimètres en carré. On ferme, avec la bonde, et on agite dans tous les sens pour faire dissoudre le gaz sulfureux dans le vin. Cette solution est facile.

M. Maumené a dit : (1) « L'acide peut se « dissoudre dans 1|40 de son volume d'eau « et dans 1|400 seulement de son volume « d'alcool. Ainsi, 1 litre de vin à 10 cen-

_____

(1) Maumené, parag. 515, page 373. (*Traité du travail des vins.*)

« tièmes d'alcool peut dissoudre 76 litres de
« gaz acide. Un morceau de mèche con-
« tenant 3 grammes de soufre ou 2 litres
« peut donner 6 grammes d'acide sulfureux;
« 30 litres de vin pourraient en dissoudre
« mille fois plus. »

Ainsi qu'on le voit, les 30 litres, versés
dans le 1|2 muid, peuvent facilement absor-
ber l'acide sulfureux produit par la mèche
qu'on a brûlée. On recommence la même
opération à mesure qu'on a versé 30 litres
de nouveau vin, et ainsi de suite, jusqu'au
remplissage complet. Dès la seconde mèche
la combustion du soufre n'est plus possible,
à cause du manque d'oxygène absorbé par
l'acide sulfureux ; on débonde la futaille, et
on soufle fortement, dans l'intérieur, au
moyen d'un soufflet. Après chaque mèche on
recommence l'opération afin de renouveler
l'air.

En faisant le mutage dans ces conditions,
on sature le vin d'acide sulfureux. Il est ce
qu'on appelle *muet*. On opère ainsi, en vue

de certaines destinations que l'on doit donner au vin.

Généralement, le mutage ne se fait pas à un tel degré, et il suffit d'arrêter les tendances du vin à fermenter ; pour cela les proportions minimes suffisent. On peut fortement soufrer le tonneau qui doit recevoir le vin au sortir de la cuve. On peut aussi, ne les remplir qu'à moitié, et y faire brûler chaque jour quelques mèches, en fouettant pendant quelques instants le vin.

Le moyen que j'ai donné pour le mutage du vin de raisins secs, est le premier, il est vrai, qu'on ait employé, et le plus répandu, mais c'est aussi un moyen bien primitif.

Conçoit-on les difficultés qui se dresseraient devant le fabricant, s'il était dans l'obligation de muter fortement ses vins, et qu'il en eut 200 ou 300 hectolitres à préparer ainsi par jour. Je dirai même que cela me paraît impraticable.

J'ai inventé un appareil, que j'ai appelé le *Mutoir Audibert*, que tout le monde peut reproduire : Le travail énorme qu'exigeait la méthode ancienne, n'existe presque plus de fait, et la quantité d'acide sulfureux qu'on peut introduire dans le vin est illimitée. On peut arriver à la complète saturation du liquide. Dans le procédé précédent, l'acide sulfureux ne se mélangeait qu'avec beaucoup de peine au vin. Pour éviter cet inconvénient, je pratique ainsi : (1) je fais brûler du soufre sous une cloche ou entonnoir, auquel est adapté un tuyau qui conduit la vapeur sulfureuse dans un tonneau vide.— Plus le foudre est grand, meilleure est l'opération. — Je fais couler par la bonde de ce tonneau, le vin que je veux muter, en ayant soin de le diviser le plus possible, soit avec une sorte de peigne d'arrosoir, soit de toute autre manière ; l'essentiel est que le vin tombe dans

---

(1) Les agriculteurs ou négociants peuvent sans crainte user de ce procédé dont j'offre gracieusement la primeur à mes lecteurs.

(*Note de l'auteur.*)

le tonneau par une infinité de petits trous, et presque goutte à goutte.

On le recueille à mesure, dans d'autres futs, complètement muté. Si un premier passage ne suffit pas, on le fait repasser de nouveau jusqu'à l'obtention du degré auquel on vise.

Le lecteur devine de suite le résultat que l'on obtient : le vin en se précipitant du haut du tonneau presque en poussière, absorbe avec la plus grande facilité le gaz acide sulfureux qui le pénètre sans peine. Le peu de résistance que lui opposent les minces filets de vin qui s'échappent de la bonde, fait que celui-ci s'en imprègne complètement dans sa traversée du sommet à la base.

Ce moyen est réellement pratique et peut rendre de véritables services. On peut, suivant les proportions que l'on donne à ce genre d'appareil, muter de 500 à 1,000 hectolitres de vins de raisins secs ou frais, par jour.

Comme on le voit, le soufrage est une des

opérations les plus importantes. Son emploi
s'impose partout où se trouve entreposé du
vin.Le viticulteur ou fabricant ne doit jamais
tirer du vin d'un tonneau sans y brûler ensuite un morceau de mèche soufrée ; l'été
c'est *indispensable.*

Voici l'explication de cette mesure : Le
vin, qu'on retire d'un tonneau, laisse un
vide qu'occupe l'air immédiatement.Ce grand
véhicule des ferments acétiques, comme
l'ont dénommé nos savants, une fois introduit
dans la barrique, occasionne au vin, si on
ne prend soin de l'en chasser immédiatement,
une foule d'altération, telles que les *fleurs,*
un commencement de piqûre, etc.

Le remède le plus simple, est de brûler
dans le tonneau un morceau de soufrette. La
vapeur sulfureuse emplit le vide qui peut
exister et maintient le tonneau à l'état plein.

Cette opération a besoin d'être renouvelée
de temps en temps pour les tonneaux en vidange, car l'acide sulfureux, sous l'influence
de l'oxygène qui se combine avec lui pour

former de l'acide sulfurique, disparaît au bout d'un certain temps.

Il arrive, parfois, que dans un foudre en vidange, la mèche soufrée ne peut pas brûler. On doit s'empresser dans ce cas, si on le peut, de transvaser le vin ; sinon, et en atten_ dant de pouvoir le faire, en chasser l'air corrompu qui se trouve dans le tonneau au moyen du soufflet, jusqu'à ce que la combustion de la soufrette puisse s'opérer.

Je vais maintenant traiter le sujet du *collage,* sans lequel aucun produit vinicole ne pourrait obtenir les qualités, telles que la franchise de goût et surtout la limpidité, qui sont l'apanage d'un bon vin.

## CHAPITRE XIX

## Du Collage

Outre l'opération du soufrage, il en est une autre essentielle pour le fabricant : Le *collage* lui permettra de livrer au commerce son produit d'une façon irréprochable dans un laps de temps assez court.

Le vin contient, en suspension, une grande quantité de matières qui se précipitent difficilement ; il est même de ces impuretés, qui pourraient devenir de sérieuses causes d'altérations, si on ne les écartait pas : de là, la nécessité de cette opération.

Voici comment Louis Figuier nous donne l'explication, physico-chimique, de la clarification du vin, par son mélange avec de l'albumine ou de la gélatine : « Le tannin, quand

« il est dissout dans l'eau, est précipité par
« l'albumine ou la gélatine, à l'état de tan-
« nate insoluble de gélatine ou d'albumine.
« Le précipité de tannate de gélatine ou
« d'albumine qui se forme ainsi, entraîne
« avec lui, en se déposant, non seulement
« toutes les matières qui flottent dans le
« liquide, mais aussi la plus grande quantité
« des matières albuminoïdes, naturellement
« contenues dans le vin, et qui, en s'altérant
« plus tard, provoqueraient l'altération du
« vin lui-même.

« On a soin, du reste, de n'ajouter que la
« proportion de gélatine ou d'albumine jus-
« tement nécessaire pour ne précipiter
« qu'une faible portion de tannin du vin,
« afin de ne pas priver le vin de la totalité
« de son tannin, élément essentiellement
« utile à sa constitution (1). »

Les moyens employés pour le collage des

---

(1) Louis Figuier, série 32, (*Merveilles de l'in-*
*dustrie.*)

vins de raisins secs et les plus usités sont :

Les gélatines ;

L'albumine ou le blanc d'œuf ;

Le sang ;

Le lait ou sa crème ;

Enfin, des préparations, à base d'une ou d'autre de ces matières, livrées à l'industrie sous le nom de *poudres clarifiantes* et autres.

La colle, qui occupe le premier rang parmi celles dont on se sert pour le collage des vins, est la colle de poisson.

C'est une substance très-pure, qui offre les meilleures garanties sous ce rapport ; elle ne subit aucune préparation capable d'y introduire des éléments étrangers.

Elle est complétement neutre quant à la couleur, à l'odeur et à la saveur.

Cependant, je ne conseillerai pas son emploi aux fabricants de vins de raisins secs, à cause des graves conséquences qu'elle pourrait avoir pour ce vin, dont la quantité de tannin est parfois faible (surtout dans les vins à degrés faibles).

Lorsque le vin ne contient pas de tannin, c'est surtout la portion membraneuse de la colle qui produit la clarification ; la partie soluble, la gélatine se dissout.

Le fabricant doit comprendre le danger qui existe pour les vins, de cette addition d'une matiére azotée, soluble, éminemment putrescible.

De là peuvent naître une foule d'altérations, dont la première et la plus grave serait la fermentation putride.

Je ne crois pas m'écarter de mon sujet en passant en revue les faits principaux qui se relient intimément à notre industrie, et en signalant, aux agriculteurs et fabricants, les conséquences que pourrait avoir, pour eux, l'emploi de certaines matières.

Il est des provinces, en France, où l'on se sert pour le collage des gélatines ordinaires, des colles d'os, des colles de tendons, des colles de peaux (1).

(1) Colle de Flandre, colle de Givet.

Les colles d'os, quoique des meilleures, sont loin d'être toujours préparées avec des matières bien fraîches ; de plus, et généralement, elles conservent du phosphate de chaux.

Les colles de tendons, de peaux, offrent aussi de très-graves inconvénients ; la plupart sont préparées avec des membranes ayant déjà subi un commencement de putréfaction.

—On voit le danger qui existe quand on en fait usage pour le vin. Elles ont aussi l'immense désavantage de produire des dépôts excessivement volumineux et des lies très-légères ; le but du collage est complètement manqué, par ce seul fait, dans les vins de raisins secs. Ces vins sont susceptibles, comme du reste tous les vins faits en automne, de subir de légères tendances à la fermentation vers l'époque du mouvement de la sève ; les dépôts, provenant des colles de tendons et autres du même genre, remontent dans le vin aux moindres secousses, à cause de leur peu de pesanteur.

Il faut donc mettre complètement de côté ce genre de collage pour notre industrie.

Les blancs d'œufs, dont l'emploi est universel, tiennent leur pouvoir d'agir sur les vins par l'*albumine* qu'ils renferment.

Cette matière diffère peu de la gélatine ; elle est presque inaltérable.

Les blancs d'œufs, ainsi que le sang, sont les auxiliaires les plus puissants du fabricant, pour obtenir des boissons agréables et limpides.

Pour les vins en tonneaux, on les emploie de la manière suivante : on sépare, dans un plat, les blancs, des jaunes d'œufs, à raison de un blanc par hectolitre (1); on les bat fortement, jusqu'au moment où ils sont en *neige*.

Après cette préparation, on verse un peu de vin sur les blancs afin de les mélanger intimement avec celui qu'on veut coller.

Pour aider et faciliter le collage, on peut

---

(1) De 10 hectolitres et au-dessus. Au-dessous de cette quantité 2 blancs d'œufs par hectolitre sont nécessaires.        (*Note de l'auteur.*)

ajouter une poignée de sel blanc aux œufs; on prépare, ainsi, la colle plus facilement, car l'albumine, sous l'influence du sel, se dissous dans l'eau promptement.

Il se forme, alors, par la combinaison de ces deux matières, un réseau dont l'insolubilité apporte le meilleur concours à la parfaite réussite du collage.

Dans les villes où l'on peut trouver facilement du sang de bœuf frais, les fabricants de vins de raisins secs devront l'employer de préférence à tous les autres moyens de collage.

Les œufs coûtent, du reste, ordinairement fort cher; pour plusieurs producteurs il serait même difficile de s'en procurer.

L'action du sang ressemble beaucoup à celle des blancs d'œufs; cela s'explique aisément : l'albumine, qui se trouve chez eux en assez grande quantité, existe aussi, avec des proportions notables, dans le sang.

Pour l'employer, on pratique comme pour les blancs d'œufs.

Cette substance a de plus, sur la colle de

blancs d'œufs, l'avantage de tomber plus vite que celle-ci ; la lie est lourde et tend moins à remonter dans le vin.

Dans l'industrie des vins de raisins secs, cette qualité est bien à remarquer. On vise généralement à obtenir de bons produits dans le plus court espace de temps ; on ne doit donc pas dédaigner une circonstance aussi importante.

La quantité de sang à employer varie, comme pour les blancs d'œufs, suivant la capacité des futailles et l'état du vin à clarifier.

Lorsqu'on se propose de coller un vin seulement nuageux, 4 à 5 litres par 30 hectolitres suffisent.

Dans le cas où le vin serait complètement trouble, et qu'on voudrait obtenir une clarification rapide, dans les 48 heures par exemple, on peut, sans inconvénient, arriver jusqu'à la dose d'un litre de sang par hectolitre.

Il est bien rare qu'on soit obligé d'employer cette dernière quantité, que je signale seulement, dans le but d'apprendre aux fabricants qu'on peut, sans danger, user de cette substance dans les proportions les plus grandes.

Comme le sang est difficile parfois à obtenir et surtout à conserver frais, l'industrie a livré au commerce différentes poudres pour la clarification des vins.

Quelques unes ont de véritables succès : telle est la **Pulvérine d'Appert**.

Voici comment on l'emploie : Pour 200 ou 250 litres, on met dans un vase quelconque un paquet de 32 grammes de **Pulvérine** et un demi-litre *d'eau tiède qu'on verse tout doucement et peu à peu en délayant au fur et à mesure ;* on fouette bien ce mélange, pendant quelques minutes ; on ajoute un litre du vin qu'on veut clarifier, on fouette de nouveau et on verse ensuite le tout dans la barrique.

La **Pulvérine d'Appert** n'ayant ni goût ni saveur, est préférable aux poudres de sang de bœuf, aux tablettes de gélatine qui portent souvent avec elles un goût désagréable très-nuisible aux vins.

## VUE DU BATIMENT DE L'USINE APPERT

### Consacré à la fabrication des produits œnologiques

*( 2 Récompenses Nationales )*

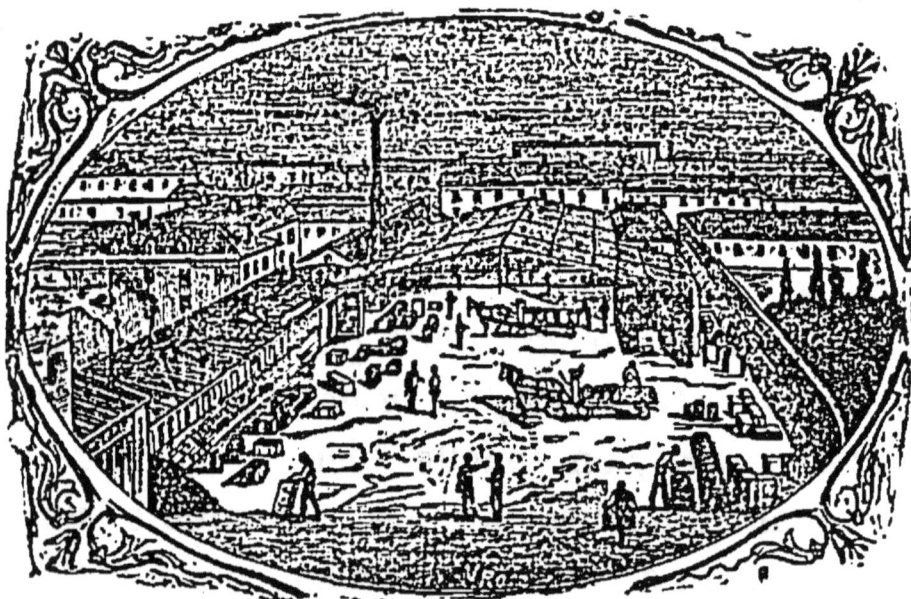

*75, rue de la Mare (Ménilmontant) Paris*

Afin de faciliter à mes lecteurs l'emploi des produits de la Maison Appert, j'ai obtenu qu'il serait fait une remise de 3 0⁄0 sur les prix marqués, et sur toutes les demandes faites par mon entremise.

La colle, versée dans le tonneau, ne remplirait point le but qu'on se propose si elle y demeurait sans être intimement mélangée au vin ; c'est le *fouetage* dont je veux parler.

J'appelle d'une façon toute particulière l'attention des producteurs sur ce sujet.

*Le collage ne peut avoir un effet solide que par l'opération d'un énergique fouettage.*

Le vin de raisins secs contient, en suspension, une grande quantité de matières gommeuses dont les fibres reliées entr'elles forment un immense réseau, offrant une résistance véritable à l'action précipitante de la colle. Il faut rompre et diviser le plus possible cette sorte de filet, et mélanger la colle au vin le plus intimement.

Pour cela, après avoir vidé dans le tonneau la colle que l'on veut employer, on remue le vin violemment et fortement ; on se sert habituellement, d'un instrument appelé *fouet*, et auquel chaque pays vinicole donne une tournure différente.

Ceux dont je me sers et que je conseillerai à mes lecteurs, se composent d'un manche en bois de 1 m. 25 environ (1), au bout duquel est fixée une lame de fer percée de trous et recourbée comme une pioche, de 0 m. 30 cent. de long sur 0 m. 03 centim. de large et 0 m. 01 cent. d'épaisseur. Au bout de la lame de fer, est attaché un morceau de chaîne de 0 m. 30 cent. environ, de longueur.

Pour fouetter, un ouvrier monte sur le tonneau, introduit la tige recourbée dans la bonde, et enfonce avec un coup sec et nerveux le fouet dans la direction de l'angle d'un fond.

Le vin bouillonne dans l'intérieur du foudre, avec une telle force, qu'il en soulève presque le tonneau ; l'opération se répète ainsi pendant 25, 30, 40 ou 50 minutes, sui-

---

(1) Les proportions qu'on donne à cet instruments, varient suivant la grosseur et la capacité des futailles qu'on veut fouetter.

*(Note de l'auteur.)*

vant le degré d'impureté dans lequel se trouve le vin que l'on colle.

L'ouvrier, qui ne s'est jamais servi de cet instrument, peut être embarrassé au début, mais il en acquiert vite l'habitude, en se rappelant les principes suivants : plus on multiplie le nombre des coups de fouet, moins on agit sur le vin; plus le coup est sec, plus le vin bouillonne. En un mot, l'ouvrier, chargé de ce travail, doit lancer le fouet comme s'il avait le fond du foudre à démolir, en frappant dans l'angle.

La longueur du manche du fouet, pour le tonneau, doit être calculée de telle sorte, qu'il manque 20 centimètres environ pour toucher le point que j'ai signalé.

Plus le vin est fouetté fortement, plus l'action de la colle se fait sentir promptement.

Il y va donc de l'intérêt du viticulteur ou du fabricant, de veiller à ce que cette opération soit faite suivant toutes les conditions voulues.

Le lait est aussi considéré par les œnologues, comme une substance pouvant servir de colle pour les vins. Ce qui l'a désigné à l'attention des industriels, est la présence, dans ce liquide, d'une matière très-analogue à la gelatine et à l'albumine. La chimie lui a donné le nom de *caseïne.*

Les manières d'employer le lait sont variées. Quelques-uns le versent ainsi à froid, sans aucune préparation; d'autres recueillent la crême, dont ils se servent uniquement ; enfin, il en est qui le font bouillir.

La manière d'employer cette colle ne diffère pas des précédentes, car on ajoute aussi du sel, et on la prépare comme les blancs d'œufs et le sang.

Je ne conseillerai pourtant pas aux fabricants de vins de raisins secs de s'en servir. Avec le lait, on introduit dans le vin le sucre de lait dont cette substance est assez largement pourvue ; or, ce sucre est susceptible, par sa composition, autant que le sucre de raisins, d'éprouver les diverses fermentations alcooliques et surtout lactiques et butyriques.

On a bien proposé de coller le vin avec des matières toutes différentes que celles qui précèdent, mais je n'en parlerai pas, vu le peu d'inportance que ces détails pourraient avoir pour mes lecteurs. Chacun du reste peut, dans les traités de chimie, voir les applications nombreuses que les savants ont réservées à cette partie de la science des vins.

### Du Soutirage.

Après les diverses opérations que je viens d'énumérer, les vins de raisins secs sont, de fait, terminés.

Le fabricant devra cependant veiller attentivement sur eux pour pratiquer le soutirage des vins.

Dès que le collage a produit l'effet que l'on attend de lui, on doit s'empresser de retirer le vin limpide du tonneau.

On ne peut être réellement certain de la qualité de son vin et de sa durée, qu'une fois mis en futaille, complètement dépouillé et

débarrassé des matières qui peuvent y faire
naître des complications.

Le soutirage est donc une chose importante : c'est le couronnement de l'œuvre.

On s'assure de la limpidité du vin, ce qui
est facile, et on soutire dans des barriques
bien soufrées.

La manière, de soutirer les vins, demande
encore des précautions infinies, qui ne pourront paraître indifférentes qu'à ceux qui ne
savent pas quel est l'effet de l'air atmosphérique sur ce liquide.

Le temps le plus favorable, pour le soutirage des vins de raisins est le temps sec et
froid. On choisit toujours une journée, si
c'est possible, où le vent du nord souffle. Il
est de fait que ce n'est qu'alors que le vin est
bien déposé. Les temps humides, les vents
du sud les rendent troubles, et il faut se garder de soutirer quand ils règnent.

Il est des régions où les soins qu'on
donne au soutirage sont extrêmes ; la différence des vins d'abord et leur prix ensuite,

justifie jusqu'à une certaine mesure ces
précautions. Mes lecteurs me sauront gré
de leur apprendre les méthodes suivies par
certains agriculteurs ; la plupart soutirent,
généralement le vin, d'un robinet placé
à une hauteur convenable du fond de la barrique pour éviter que le vin, en s'écoulant,
ne détermine des mouvements dans la lie.
C'est le plus simple et le plus répandu des
procédés du soutirage.

Il est bien à craindre, il est vrai, l'action
de l'air sur le vin, mais on l'évite, assez facilement en plaçant au robinet d'où s'échappe
le vin, un tuyau en caoutchouc qui le conduit
jusques dans la barrique, déjà préparée.
Le danger n'est donc point aussi manifeste
que certains œnologues ont voulu le dire.

On peut soutirer le vin au moyen d'un
syphon qu'on fait plonger d'une part dans le
tonneau que l'on veut transvaser, en s'assurant préalablement de la profondeur pour ne
pas troubler la lie, et d'autre part dans le fut
qui doit recevoir le vin.

Il est certain que le soutirage par la pression est encore préférable, mais impraticable pour un grand nombre de fabricants et de viticulteurs.

Ce moyen est surtout usité dans le Bordelais, les caves bordelaises ne contiennent généralement que des barriques de ce nom ; or, leur petite contenance, 228 litres, forcent les viticulteurs à entasser ces futailles les unes sur les autres, pour gagner en hauteur la place qu'ils perdraient dans les caves si les barriques étaient placées à côté les unes des autres. Afin de pouvoir soutirer le vin logé dans ces conditions, et cela sans courir les risques de remuer la lie, on emploi la pression ; c'est-à-dire qu'on chasse par le robinet du soutirage avec une pompe ou un soufflet *ad hoc*, le vin des barriques qui s'échappe ainsi, automatiquement, par la pression atmosphérique. On le dirige par des tuyautages dans les futs superposés qui doivent le contenir. De la sorte le vin, dont le prix est élevé, ne risque jamais de s'éventer, ni de tourner.

C'est à l'aide des diverses opérations que je viens de décrire, qu'on purge, qu'on purifie, qu'on enlève au vin de raisins secs toutes les matières qui pourraient déterminer des fermentations mauvaises ou nuire à sa conservation.

La cave qui renferme le vin prêt à être livré au commerce, doit préoccuper le fabricant. Il importe, pour éviter des désagréments, qu'elle soit située dans un endroit frais et humide : l'excès de cette dernière recommandation, nuirait cependant au vin et déterminerait la moisissure des bouchons, tonneaux, etc.; je signalerai aussi l'inconvénient qui existe, l'été surtout, à loger les futailles, contenant le vin complétement terminé, dans le cellier où l'on presse les grappes. L'acide acétique, qui se forme sur elles et sur les instruments qui servent à fabriquer le vin, se répand avec la plus grande facilité dans l'atmosphère : les vins, en bon état, ne peuvent que perdre à ce voisinage. Quel est celui de nous dont l'odorat n'a pas surpris cette odeur pénétrante en arrivant dans un cellier où l'on a pressé des grappes de raisins ?

Je ferai la même observation pour le voisinage des cuves servant à la fermentation.

Généralement, je le sais, les viticulteurs et fabricants n'ignorent pas ces recommandations, mais il en est qui, à la connaissance de ces détails, sépareront les vins collés de la salle de cuvage, ne sachant pas les conséquences graves que cette circonstance pourrait susciter à leur vin.

## CHAPITRE XX

## Des altérations du vin de raisins secs, leurs causes et leurs remèdes.

———

Les vins sont terminés, c'est-à-dire limpides et francs de goût. Le but que nous avons poursuivi est atteint.

Mais, il me reste encore à décrire les altérations et maladies auxquelles les vins de raisins secs peuvent être sujets, les remèdes à employer pour les sauvegarder.

### De la dessiccation et des altérations qu'elle peut faire naître.

Je suppose une fabrication parfaite, c'est-à-dire dont les raisins, les instruments et appareils, la température, contribuent à produire un bon vin. Chacune des choses que je viens d'énoncer, peuvent donner lieu, d'après leur état propre, à des détoriations ou maladies que je vais passer en revue.

Les raisins secs, base de notre fabrication, peuvent occasionner, les premiers, des altérations.

Quelques-unes naissent de l'opération du séchage qu'on leur a fait subir , pour les transporter de l'Orient dans nos contrées.

La dessiccation des raisins s'obtient de plusieurs manières différentes. En Turquie, les indigènes l'obtiennent en étendant simplement les raisins sur le sol à l'action du soleil. Les grappes sont entières, car les grains de raisins égrappés peuvent subir partiellement des fermentations qui amènent de fàcheux résultats.

Mélangés avec la masse, ces grains, motivent les altérations que j'ai signalées, au début de mon ouvrage, dans le chapitre II : *Quels sont les meilleurs raisins et à quoi les reconnaît-on?*

Un commencement de fermentation de ces grains peut communiquer au vin des goûts désagrables.

De forts collages sont nécessaires pour les

faire disparaître. En Grèce, certains récoltants emploient, pour opérer la dessiccation
des raisins, une méthode qu'il est bon de signaler, afin de permettre aux fabricants de se
prémunir contre les conséquences que cette
méthode pourrait entraîner.

Après avoir récolté les raisins, on les étend,
en plein air, au soleil sur une couche épaisse
de fumier ou litière, d'animaux domestiques.

Les raisins, dans cette situation, subissent,
par la chaleur solaire d'une part et celle qui
se dégage du fumier d'autre part, un effet de
contraction de la pellicule. La vapeur alca-
line, qui se dégage de la fiente, collaborant
avec la chaleur solaire, durcit et épaissit
l'enveloppe du raisin, par un effet à peu près
semblable à celui du tan sur les peaux d'animaux. Par cette façon d'opérer, on active la
dessiccation des raisins, mais ceux-ci em-
portent, le plus souvent avec eux, des principes alcalins qui sont la source de nombreux
mécomptes pour les fabricants. De là naissent
quelquefois, ces goûts désagréables que possèdent certains vins de raisins secs.

On évite cela en se servant de l'eau chaude, pour le mouillage dans la cuve à tremper. L'eau chaude dissous, facilement, les sels qui ont pu se former sur la pellicule, et laisse, à la fermentation, le soin de les décomposer ou de les précipiter sous forme de dépôts ou de lies.

On dessèche aussi les raisins, en les exposant au soleil sur une couche de paille ou dans les fours ; ce dernier moyen exige de grandes précautions. On doit éviter une chaleur trop ardente qui pourrait les brûler. On les étend sur des claies et on les introduit dans le four au moment où en sort le pain ; après sa cuisson.

La température doit être douce, car la dessiccation des raisins, reposant sur le principe de l'évaporation de l'eau contenue dans la pulpe, s'opérerait dans de très mauvaises conditions si l'on voulait accélérer l'opération.

En Espagne et dans certains pays, la dessiccation s'opère en trempant les grappes de raisins dans des bains de potasse qui, comme chacun le sait, est un sel alcalin.

### Les vins de raisins secs aigres-doux

Le vin de raisins secs, quand on le soutire de la cuve à fermenter, doit être généralement un peu *vert, sec,* et non liquoreux. Les fabricants doivent bien se garder de confondre la verdeur avec l'aigreur du vin; tandis que la première, loin de lui nuire, est une garantie de bonne conservation, la seconde est sa plus directe ennemie. Pour mieux comprendre l'idée que j'expose, je vais établir les résultats que peuvent offrir ces fermentations bonnes et mauvaises.

1° Après une marche régulière et sans arrêt de la fermentation, toute la partie sucrée du moût s'étant transformée en alcool, et le décuvage ayant été fait au moment convenable, le vin doit posséder un principe de verdeur. Une fois en tonneaux et bien clarifié, ce principe devient une qualité et ce vin se conserve, en se bonifiant, sans aucune crainte d'altération.

2° Par suite d'un arrêt dans une fermentation à peu près achevée, si le vin possède

encore deux degrés de liqueur, il faut se garder de le laisser dans la cuve et sur les grappes ; on l'entonne dès le troisième jour dans
des foudres non soufrés, en ne les remplis-
sant qu'à moitié ; sinon, dans cet état, les vins
de raisins secs deviennent ce qu'on appelle
*aigres-doux.* C'est-à-dire que, vers la fin de
la fermentation, le chapeau, en s'affaisant
dans le liquide, y développe un principe acétique, si la fermentation alcoolique ne suit
pas entièrement son cours.

Au contraire, une fois décuvé et éloigné du
marc, véritable foyer acétique, le vin qui
garde quelques degrés de douceur, les perd
dans le tonneau par l'effet de la fermentation
lente. Le temps fixé, pour cette transformation, peut-être illimité, car l'époque dans laquelle on se trouve, influe beaucoup sur sa
durée. En été le vin, au bout de quelques
jours, ne se ressent presque plus de cet état
anormal. On achève de le remettre en état
par de forts collages au sang, sur des copeaux
de bois de hêtre bouillis et séchés au soleil, et
par de bons soutirages.

Dans tous les cas, le vin de raisins secs, avec quelques degrès de sucre, peut demeurer, sans crainte de l'aigreur, dans les tonneaux. La partie sucrée disparaît soit en se combinant avec d'autres principes du vin, soit en se convertissant en alcool par la fermentation insensible.

Le fabricant n'a qu'à suivre attentivement la marche de la transformation, afin d'ouiller le foudre aussitôt que la partie liquoreuse a disparu.

Il en est cependant qui, par excès de confiance ou par négligence, laissent trop longtemps le vin, dont la fermentation alcoolique est arrêtée, dans les cuves. Quand ils opèrent enfin le décuvage, le vin a le caractère que j'ai cité plus haut, il est *aigre-doux*.

Généralement, l'acétification n'est pas très avancée, mais on la sent avec d'autant plus de force que la douceur, demeurant encore dans le vin, offre un contraste frappant à la dégustation.

Dans le cas qui nous occupe, on doit s'empresser d'enlever le vin de la position fâcheuse dans laquelle il se trouve.

Le tonneau dans lequel on l'entrepose doit être légèrement méché.

On mélange, ensuite, dans le vin, de la poudre de marbre blanc, à la dose de 100 grammes par hectolitre, en le remuant de temps en temps avec un bâton ; on laisse reposer durant quelques jours, puis on soutire, dans un nouveau fut, en ajoutant du tartre bien pulvérisé.

Le vin, après ces diverses additions, perd généralement son goût acide ; la transformation de la partie sucrée s'opère, par la fermentation insensible, comme pour les vins non acétifiés.

Quelques fabricants ont essayé, pour traiter les vins dans cet état, d'employer les collages énergiques.

Le résultat est forcément négatif.

Cette opération n'atteint son but que pratiquée sur des vins qui lui permettent de produire son effet. Or, les vins, contenant encore du sucre, sont sujets à la fermentation et, par conséquent, empêchent l'action précipitante de la colle. Celle-ci, entraînée par le dégagement, quoique léger, de l'acide carbonique, s'élève avec lui continuellement pour retomber, et loin d'agir sur les vins avec succès, peut y développer des altérations nouvelles.

La règle générale est donc celle-ci : Le collage ne peut opérer sur les vins, d'une façon heureuse, que tout autant que la fermentation est complètement achevée.

### Des vins de raisins secs nuageux

Un des accidents, les plus fréquents dans les vins de raisins secs quand ils ont été atteints de l'altération *aigre-doux*, est celui qui constitue les *vins troubles*. Toutes les fois qu'une matière floconneuse devient brusquement insoluble, elle donne au vin, dont elle se sépare, une apparence laiteuse. Cet effet peut se produire dans des circonstances diverses : le vin, mis en mouvement par une fermentation, ou par une cause extérieure, laisse déposer un peu de ferment, et devient trouble. Des soutirages nombreux produisent cet effet dans un vin où les matières azotées sont abondantes, l'action de l'air, en se répétant durant les soutirages, amène une fermentation putride : le tartre se change en métacétates : le ferment développe de l'ammoniaque à l'état de carbonate, ou même de sulfhydrate, le vin perd son acidité et du ferment se dépose. Cette maladie est commune chez les vins dont nous nous occupons. Ainsi qu'on le voit les causes qui la font naître sont nombreuses.

Il est cependant plusieurs moyens de la combattre.

En première ligne se place l'**Œnotannin d'Appert**, dont l'efficacité est universellement reconnue.

On peut, dans certains cas, employer avec succés l'acide tartrique, dont on acidifie le vin. Dans d'autres cas, un léger mutage au soufre arrête toute fermentation, permet à un collage énergique de remettre le vin de raisins secs en parfait état. Je m'étendrai plus bas sur la méthode qui consiste à *chauffer* les vins. Cette découverte importante permet de remédier, dans beaucoup de cas, à des altérations spontanées, telles que : les vins troubles dont je parle, et quelques autres que je vais décrire au chapitre suivant.

## CHAPITRE XXI

## Des maladies du vin de raisins secs

Ainsi que celui des raisins frais, le vin de raisins secs est sujet à des altérations spontanées. Telles sont : les *fleurs*, l'*acescence*.

C'est à l'augmentation des matières gommeuses et sucrées, qu'il faut attribuer ces altérations, ou *maladies* des vins en général et de ceux de raisins secs en particulier.

Cependant, comme je l'ai démontré précédemment et par une anomalie étrange, le sucre a la propriété de conserver les vins et de les empêcher de s'altérer. Ce moyen employé depuis les temps les plus reculés, était connu des anciens qui additionnaient leur vin de moût de raisins cuits, ce qui revenait à les sucrer.

De nos jours les vins dits de liqueurs, tels que Malaga, Porto, Muscats de Frontignan, de Rivesaltes, n'offrent réellement des garanties de conservation que si, fortement alcoolisés, ils n'ont au moins 10 degrés de sucre.

La partie gommeuse, au contraire, est une véritable ennemie de la bonté des vins de raisins secs. C'est à elle que l'on doit en partie l'altération des vins troubles. Le tannin aide beaucoup à précipiter la gomme du vin et à le clarifier ; malheureusement cette substance n'est pas très abondante dans les vins de raisins secs. De là, la difficulté, quelquefois, de résoudre certaines questions embarrassantes, et l'impuissance dans laquelle se trouve le fabricant ignorant cette particularité. On trouve dans le commerce des tannins provenant des différents végétaux. Les plus connus sont ceux extraits de la noix de galle, du chêne-rouve, du cachou, etc. Mais leur emploi dans les vins de raisins secs est dangereux.

Il faut donc employer l'**Œnotannin d'Appert** qui possède toutes les qualités requises pour prévenir et empêcher les maladies du vin en général et celles du vin de raisins secs en particulier.

En effet, sans tannin, il serait difficile de clarifier le vin, de le dépouiller des matières préjudiciables qu'il contient (de la gomme, du mucilage, etc.) C'est par les combinaisons particulières, et le plus souvent insolubles, qu'il forme avec elles, qu'il s'en empare et les entraîne avec lui. C'est ainsi que l'**Œnotannin d'Appert** agit avec la gélatine ou l'albumine, dans la clarification du vin ; il forme en se combinant avec ces corps, une sorte de réseau filtrant qui enveloppe non seulement les corps tenus en suspension, mais encore ceux qu'il tenait dissous. On devine, immédiatement, les avantages considérables que procure aux vins de raisins secs l'emploi de l'**Œnotannin d'Appert**. On les préserve ainsi d'un grand nombre d'altérations et de maladies qu'ils peuvent contracter plus tard, même une fois bien fabriqués. On emploie l'**Œnotannin** à la dose de 20 grammes par hecto, soit à la cuve de fermentation avant qu'elle ait commencé, soit sur le liquide enfuté en l'y mêlant convenablement.

Afin de répandre son emploi dans notre industrie, et pour m'aider à vulgariser mon œuvre : LES VINS DE RAISINS SECS, M. Appert s'est engagé à faire une remise du 3 pour 0[0 à tous les fabricants ou particuliers qui s'adresseront à lui par mon entremise.

Je me tiens, du reste à la disposition de mes lecteurs, pour tous les renseignements dont ils pourront avoir besoin sur cette importante question.

Un des faits qui présente le plus de particularité dans les vins de raisins frais, et qu'on remarque dans ceux des raisins secs est la maladie qu'on nomme les *fleurs*. Elles se forment dans les tonneaux en vidange et surtout dans les bouteilles dont elles occupent le goulot.

Leur présence signale au fabricant, comme un avertissement, la dégénération acide du vin. Elles se forment avec abondance sur les

vins très aqueux. On les fait disparaître dès
qu'on s'en aperçoit, en ouillant avec les précautions que j'ai indiquées.

Le moyen d'empêcher la production des
*fleurs* sur le vin est simple : c'est l'ouillage
régulièrement pratiqué.

L'acescence du vin, ou *l'aigreur*, est la
plus naturelle de toutes les maladies dont le
vin peut être atteint. La formation de l'acide
acétique ayant pour base la transformation de
l'alcool, par l'action de l'oxygène, on ne peut
s'étonner de la facilité avec laquelle cette
transformation peut s'opérer, étant donné
les nombreuses occasions qui mettent l'air et
l'alcool du vin en présence.

C'est une suite de la fermentation spiritueuse ; mais connaissant les causes qui la
produisent, et les phénomènes qui l'accom-
pagnent ou qui l'annoncent, on peut parvenir
à la prévenir.

Chaptal décrit de la manière suivante la
formation de l'acide acétique dans les vins.
Ce phénomène étant identique dans les vins

de raisins secs, sa citation est un acte précieux (1) :

« Nous avons observé plusieurs fois que la
« fermentation du moût n'avait lieu que par
« le mélange du principe sucré avec le prin-
« cipe végéto-animal : or, ces deux principes
« peuvent exister, dans le moût, dans des
« proportions bien différentes. Lorsque le
« corps sucré est très abondant, le principe
« végéto-animal est tout employé à le décom-
« poser, et il ne suffit même pas; de sorte que
« le vin reste sucré et liquoreux sans qu'on
« doive craindre une dégénération acide.
« Lorsque, au contraire, le principe végéto-
« animal est plus abondant que le principe
« sucré, ce dernier est décomposé avant que le
« premier soit tout absorbé; alors, il reste du
« ferment, dans le vin, lequel s'exerce sur les
« autres principes, se combine avec l'oxigène
« de l'air atmosphérique, et fait passer la li-
« queur à la dégénération acide. On ne peut

---

(1) Chaptal, page 247. (*Art de faire le vin*).

« prévenir ce mauvais résultat qu'en clari-
« fiant, collant, soufrant et décantant le vin
« pour enlever tout le ferment qui y existe,
« ou bien en mêlant dans le vin du sucre, ou
« du moût très sucré, pour continuer la fer-
« mentation spiritueuse et employer tout le
« levain à produire de l'alcool. »

Comme on le voit, Chaptal a traité cette
question d'une façon magistrale. La science
œnologue n'a pu que glaner après lui.

Il existe pourtant, quant à la cause de l'aigreur, des différences importantes entre le
vin de raisins frais et celui de raisins secs.
L'opinion générale des savants, qui se sont
occupés de vins de vendanges, est que les
vins faibles sont plus sujets à l'acétification
que les vins généreux. On admet même que
les derniers, bien soufrés, collés et clarifiés ne
tournent plus à l'aigre.

Dans les vins de raisins secs, c'est générale-
lement le contraire qui peut arriver, si les
vins subissent l'influence de l'air. J'ai remarqué que les vins faibles en degré se conser-

vaient très bien et en parfait état, sauf l'altération des *fleurs* dont il est facile de les débarrasser, tandis que les vins, de degré élevé, subissaient bien souvent des changements anormaux malgré les soufrages et les collages. Le manque de tannin contribue, pour beaucoup, il est vrai, à ces changements; mais il convient d'observer, qu'un fort degré n'est pas toujours un garant suffisant pour la conservation des vins, comme quelques œnologues l'ont prétendu.

J'ai vu aigrir un vin de raisins secs dans les circonstances suivantes :

Au mois de juillet 1879, je mis à fermenter, dans un baril, 10 kilogrammes de raisins de Corinthe avec 15 litres d'eau. Le moût pesait 15° à l'aréomètre Beaumé. La température très chaude à cette époque, activa la fermentation à un tel point, qu'au bout de 4 jours, le vin ne demeurait qu'à 7° à peine de douceur. Il s'était formé environ 8° d'alcool. Voulant conserver le vin avec la partie liquoreuse existante, je le soutirai dans un autre fût et y ajoutai 8 nouveaux degrés, avec de l'alcool à 92·, bien rectifié.

Je crus qne ce fort vinaigre suffirait pour arrêter et la fermentation alcoolique et les altérations qui pourraient se produire.

Je me trompai grandement. Quelque temps après, je voulus revoir le vin dont je me disposais à faire un vin de liqueur. Jugez de mon étonnement, quand je constatai que non-seulement mon vin avait complètement achevé sa fermentation alcoolique, mais que la fermentation acétique l'avait changé en excellent et très fort vinaigre.

L'aigreur ne provient pas uniformément de la même cause. La première et la principale est l'influence de l'air dans le vin. L'action chimique s'exerce entre l'oxigène de l'air et l'alcool du vin. Le résultat de cette combinaison est la formation de l'*aldehyde;* c'est elle qui donne naissance au vinaigre. La conclusion de cet exposé est celle-ci : Dès que la fermentation alcoolique est terminée, le contact de l'air doit être rigoureusement évité.

Pour cela, la fermeture des tonneaux, si hermétique qu'elle soit, ne suffit pas toujours, et
il est nécessaire, soit de tourner la barrique
de côté pour que le liquide humecte continuellement la bonde et l'empêche, en se
desséchant de laisser un passage à l'air, soit à
remplir le vide d'un tonneau en vidange, avec
de l'acide sulfureux, au moyen d'une mèche.

Il arrive qu'on constate, chez les vins de
raisins secs en foudre, un commencement de
*piqûre*. Cette altération provient le plus souvent de la lie sur laquelle repose le vin ; dans
ce cas on l'appelle : *piqué de lie*.

L'acidité, dans le fait que je cite, provient
d'un commencement de fermentation qui
tend à se développer dans la lie où les ferments sont rassemblés.

Le remède est : le soutirage immédiat dans
un tonneau fortement soufré. Un grand danger est à éviter quand on pratique cette opération. C'est l'aérification du liquide, car
l'air se dissout en pareil cas et peut agir avec
une grande force. Ainsi, il faut se garder de

tirer le vin par un robinet, dans des brocs ou cuves. Mis en contact avec l'air, les symptômes d'aigreurs existant avant l'opération, prennent une densité désastreuse après un soutirage fait dans ces conditions.

Pour éviter ces funestes effets, on soutire soit avec un syphon, soit en adaptant au robinet un tuyau en caoutchouc qui plonge dans le tonneau où l'on verse le vin. Un bon collage suffit pour le remettre en bon état.

L'acidité, comme on le voit, est une des maladies du vin dont le fabricant ou le viticulteur doit s'appliquer seul la responsabilité. Aucune altération ne décelle mieux le peu de précautions et de soins du producteur. Un vin aigre est un vin qui a été négligé.

On peut réparer ce défaut par plusieurs moyens : Le tartrate neutre de potasse (100 grammes environ par hectolitre), en se combinant avec l'acide libre contenu dans le vin, forme de l'acétate et du bitartrate de potasse. Par le repos, ce dernier sel se sépare spontanément à l'état cristallin, et le vin perd son acidité.

Il faut bien se garder, pour améliorer les vins aigres, de se servir de la craie, car cette dernière a l'inconvénient d'introduire dans le vin un sel calcaire, qui altère sa composition.

M. Fauré conseille l'emploi de la crême de lait qu'il verse dans le vin en la fouettant fortement. Quelques jours après il soutire.

Ce procédé serait, à mon avis, praticable, mais dangereux pour l'avenir du vin.

Je ne parlerai pas des méthodes plus ou moins honnêtes, pour corriger l'aigreur des vins, renfermées dans certains livres et citées par certains auteurs ; ces moyens peuvent occasionner de graves désordres dans le corps et sont de véritables poisons.

Il est une altération bien étrangère aux ferments, qui mérite une mention toute particulière : C'est le *goût du fut*, *de sec*.

La cause de cette maladie réside dans la malpropreté des tonneaux.

Quand le bois est vermoulu, vicié, pourri, ou bien quand la lie a demeuré dans les futs et y a séché, le vin s'empare avec rapidité de ce goût qui le rend on ne peut plus désagréable. On conseille, pour ramener le vin à son bon état, l'huile d'olive bien fraîche.

Dans une futaille bien mêchée, on introduit l'huile d'olive (200 à 250 grammes par hectolitre) et le vin qu'on fouette énergiquement. L'huile dissout les traces de matière odorante, et le vin reprend son goût naturel.

On peut même laisser l'huile d'olive sur le vin; la fermeture est complète et le contact de l'air n'est plus à craindre.

## CHAPITRE XXII

## Du chauffage des vins de raisins secs

———

Je me suis occupé, dans les chapitres précédents, des altérations et maladies de nos vins. J'ai indiqué les moyens de les préserver et de les guérir, mais j'ai voulu faire l'objet d'un chapitre spécial de la nouvelle application aux vins, de la méthode d'Appert par M. Pasteur.

Le *chauffage* a soulevé et soulève encore aujourd'hui, parmi les savants, des discussions vives, dans lesquelles je me garderai bien de mêler ma modeste personnalité. Je laisserai donc à d'autres plus autorisés, le soin de conclure les débats, et ne vais m'occuper ici que des observations que j'ai recueillies, sur l'application que j'en ai faite aux vins de raisins secs.

M. Pasteur, à la suite de ses études remar-
quables, sur l'action que les ferments exer-
cent sur les liquides d'origine organique, tels
que le vin, la bière et le vinaigre, fut conduit
par ses savantes réflexions à l'application de
la méthode d'Appert, comme moyen de
conservation pour les vins.

En attribuant les diverses maladies du vin,
*les fleurs*, *l'acescence*, etc., à des ferments
vivants, ce savant conclut que leur destruction devenait facile, en les soumettant à une
température d'au moins 60° de chaleur. La
cause de toutes ces altérations disparaissait
de cette manière des vins qui offraient ensuite
de solides garanties de conservation.

Le chauffage, appliqué aux vins de raisins
secs, permet d'obtenir des produits supé-
rieurs. Les points principaux auxquels les
fabricants doivent ramener tous leurs efforts,
sont : la franchise et la neutralité du goût.
Cette dernière est surtout bien difficile à obtenir. J'ai dit en commençant cet ouvrage, que
les raisins secs comme les raisins frais com-

muniquaient aux vins des bouquets, des goûts, *sui generis*, contre lesquels il était bien difficile de réagir. Ces goûts particuliers tiennent à plusieurs causes différentes, que j'ai signalées ; ce sont : la façon de dessécher les raisins, le goût communiqué par le bois des grappes, enfin les moyens de fabrication que l'on emploie.

L'opinion publique, à la suite de nombreuses expériences officielles prouvant l'excellence de la méthode Pasteur, rendit, spontanément, à son célèbre auteur, un éclatant hommage, en attachant d'une manière impérissable son nom à cette opération. On dit : *pasteuriser* le vin, l'action de le chauffer.

L'effet du chauffage sur les vins de raisins secs est surprenant. Les vins perdent, en partie ou complètement leur acidité, suivant qu'ils sont plus ou moins fortement attaqués. Les goûts de terroir et de moisi disparaissent.

Ils acquièrent, eux dont la naissance n'est séparée que par quelques jours de leur livraison à la consommation, ils acquièrent, dis-je, immédiatement, le principe vineux que plusieurs mois parviendraient difficilement à leur procurer. Leur conservation est absolue.

On a essayé plusieurs sortes de chauffage depuis l'origine de cette méthode. On tenta de chauffer, d'abord le vin sans le retirer des tonneaux ; les difficultés qu'offrait l'opération ainsi pratiquée, forcèrent les viticulteurs à rechercher d'autres moyens.

Aujourd'hui, on s'est arrêté au système suivant : Le vin passe dans des tubes chauffés à 60° et s'écoule dans des tonneaux.

L'industrie ne pouvait rester inactive en présence des savantes données de M. Pasteur. Elle offrit aux viticulteurs de nombreux appareils, qui, de perfectionnements en perfectionnements, permettent aujourd'hui de *pasteuriser*, une quantité considérable de vin, avec des appareils simples, commodes et peu coûteux.

Il en est d'abord, à *travail intermittent* et

à *travail continu* ; c'est-à-dire que ces derniers permettent de chauffer sans interrup-
tion des quantités qui se renouvellent.

Les appareils les plus répandus sont ceux
de MM. Périer, Giret et Vinas, et enfin celui
de mon compatriote M. St-Joannis. (Aujour-
d'hui M. J.-M. Pommier).

Ce dernier appareil jouit d'une faveur justement méritée. M. Pasteur lui-même ap-
prouve tout particulièrement ses dispositions.
Je ne décrirai pas cet appareil, que l'homme
le plus ignorant comprend et peut conduire
en le voyant, mais je citerai les avantages
qu'il offre à la fabrication. (Voir les figures
ci-contre)..

Le vin est complètement inaltérable ; les
barriques ne souffrent nullement par son
emmagasinage immédiat, car, à l'appareil est
ménagé un réfrigérant, qui ramène la température du vin ainsi chauffé à 60° dans l'intérieur du dit appareil, à 20° à la sortie. La
dépense du combustible est aussi réduite que
possible, environ 200 grammes de charbon

par hectolitre ; enfin le prix n'est pas très
élevé.

Je suis heureux en finissant ce chapitre,
de pouvoir adresser publiquement à M. Pasteur, au nom, de notre industrie naissante,
les félicitations les plus vives et les plus sin-
cères, pour ses magnifiques travaux scientifiques et pour l'aide merveilleux dont il a
doté la fabrication du vin de raisins secs : *La
pasteurisation.*

# CHAPITRE XXIII

## Du vinage, du coupage et de la coloration des vins de raisins secs.

———

L'addition de l'alcool au vin, ou mieux le *vinage*, loin, comme on le croit quelquefois, d'être une fraude répréhensible, est une pratique entièrement autorisée par les Conseils d'hygiène et la science.

Depuis longtemps, les viticulteurs ont été amenés par l'observation, à suppléer à la faiblesse du degré alcoolique des vins, provenant de moûts pauvres en sucre, par une addition directe d'alcool.

Cette addition, si naturelle de prime abord, exige de profondes connaissances de la part de ceux qui l'emploient.

Dans la fabrication des vins de raisins secs,

cette méthode est surtout pratiquée sur une grande échelle dans le Midi de la France.

Au lieu de viser à obtenir des vins de degrés élevés, par la seule transformation du sucre de raisins ou de canne en alcool, on fabrique de grandes quantités de vins de 6, 7, 8, jusqu'à 10 degrés d'alcool, que l'on remonte en suite au degré demandé par l'acheteur. La différence de ces derniers vins avec ceux dont la force alcoolique est obtenue par la transformation du sucre en alcool, est notable.

On devine, sans peine, que le sucre mis en fermentation, au contact des autres parties du raisin, produit autre chose que de l'alcool pur ; un grand nombre des principes vineux trouvent leur source dans les divers phénomènes auxquels donne lieu cette transformation.

D'autre part les sortes d'alcool sont nombreuses dans le commerce. Les mêmes difficultés que je signalais pour l'emploi de certains sucres se dressent ici, pour l'addition

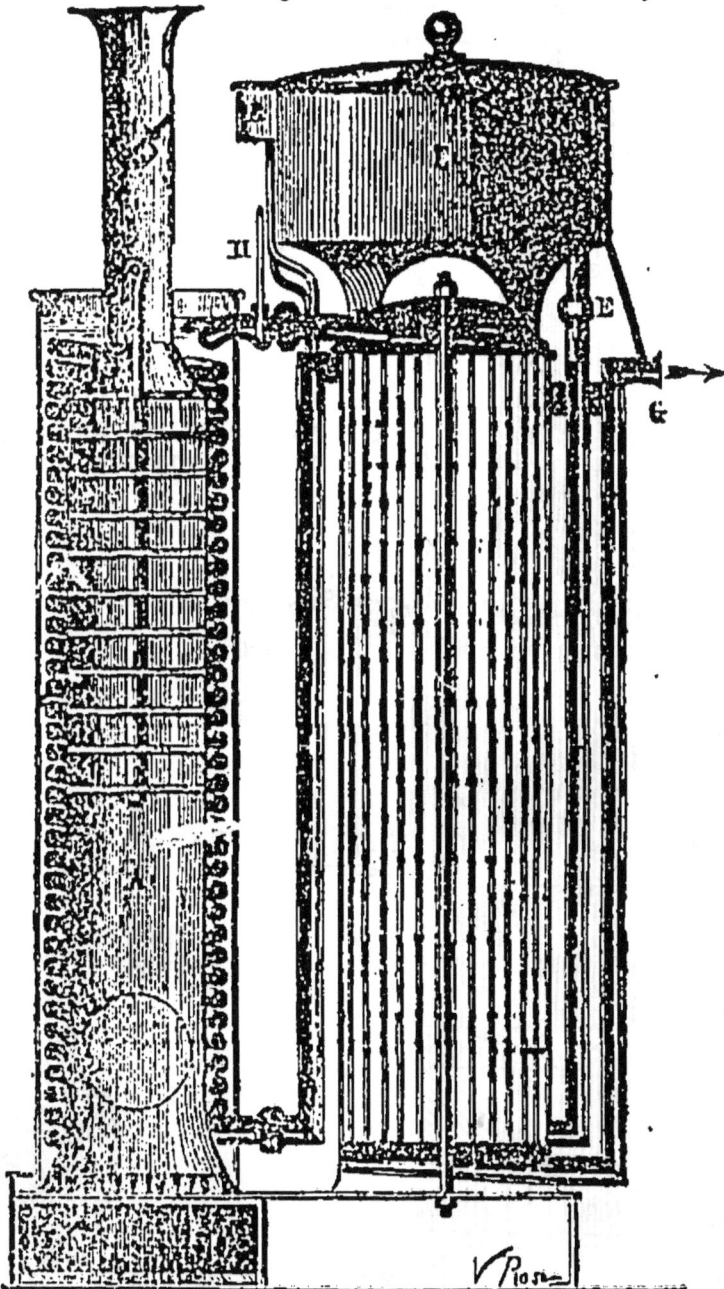

# PETITS APPAREILS
## A distiller, continus, perfectionnés, portatifs.

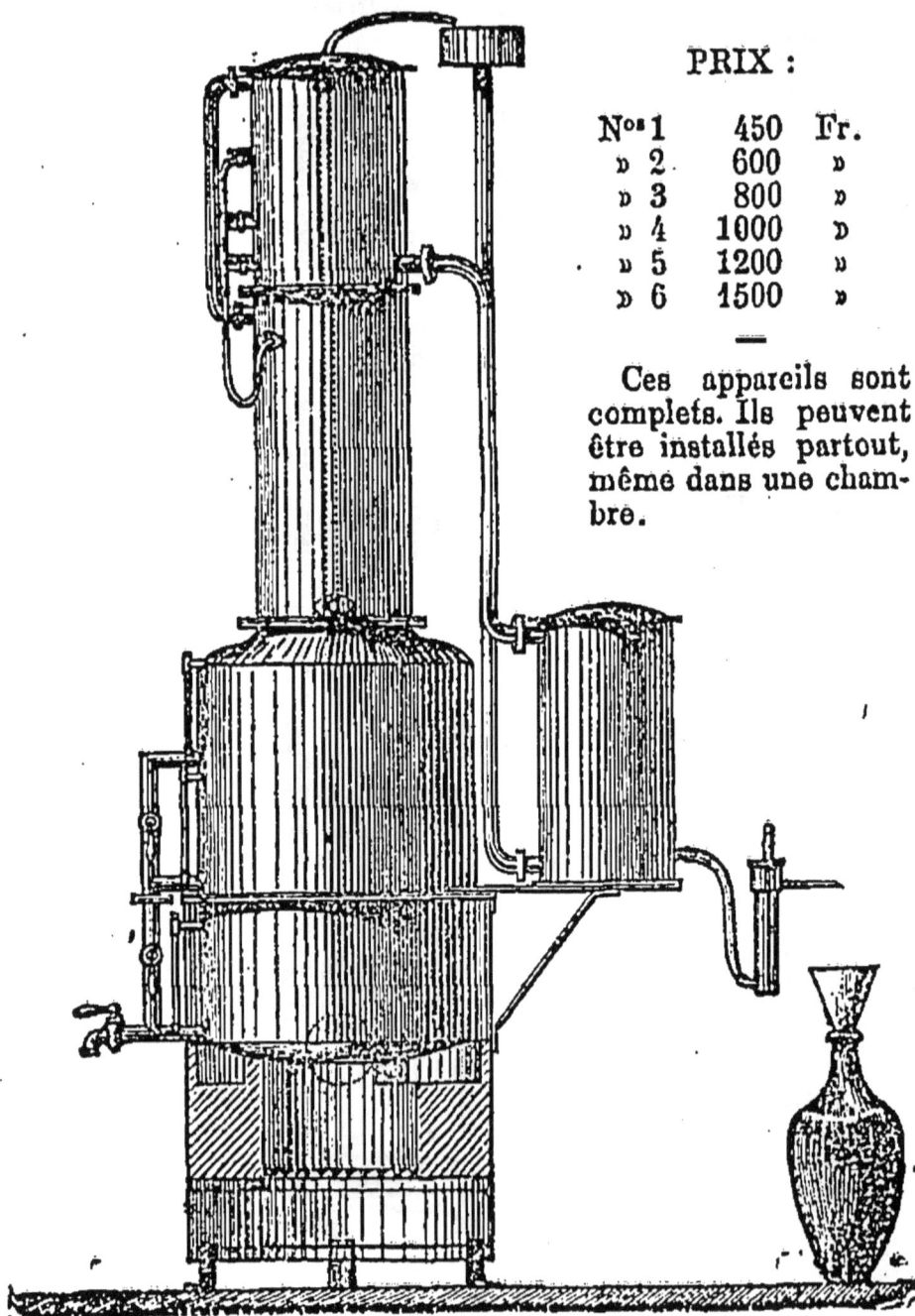

Ces appareils sont complets. Ils peuvent être installés partout, même dans une chambre.

# ALAMBIC A BAIN MARIE

## Avec Fourneau

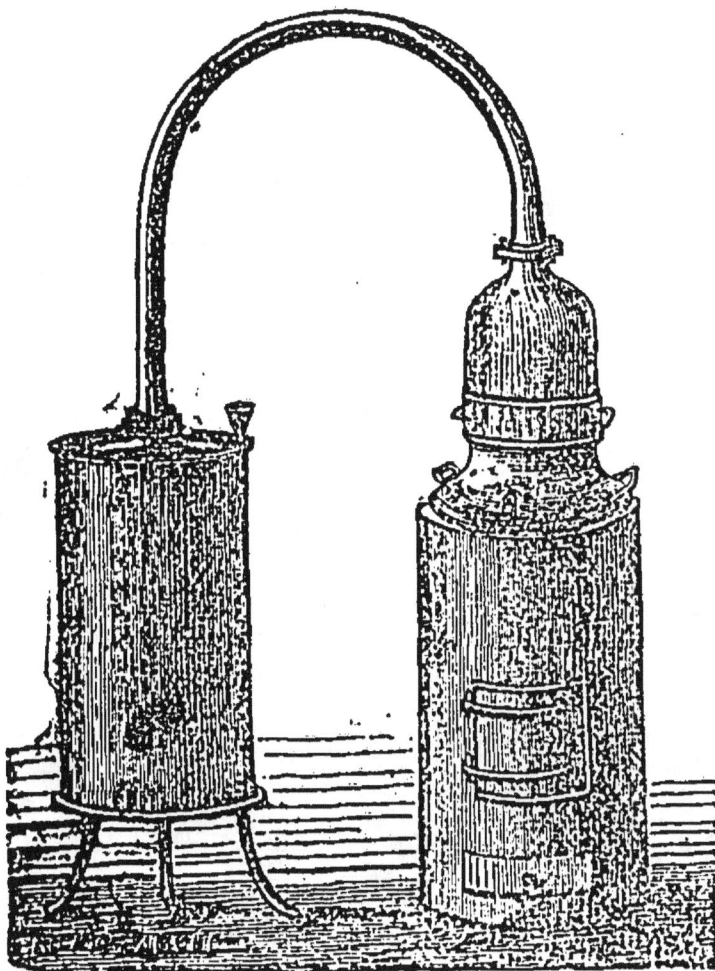

Cet Alambic est employé de préférence par les pharmaciens, pour la fabrication de l'eau distillée et les préparations pharmaceutiques ; les liquoristes l'emploient pour les fabrications de liqueurs.

# ALAMBIC

## Ordinaire et à feu nu pour la distillation des vins et des marcs

Cet appareil est recommandé tout spécialement aux propriétaires d'exploitations agricoles de France et d'Algérie. Il rend de véritables services aux viticulteurs pour la distillation des vins et celle des marcs, car il remplit, suivant les besoins, ces deux fonctions séparément ou simultanément.

de certaines qualités d'alcool. On n'ignore pas qu'on en fait avec du vin d'abord, des pommes de terres, des grains, etc. En un mot avec tout ce qui contient un principe fermentescible et du sucre. (Voir la planche).

Or, le mélange dans le vin d'un liquide alcoolique provenant des diverses dernières sources que j'ai signalées, peut y déterminer des fermentations susceptibles, au bout de quelques temps, d'altérer complètement le vin. La condition essentielle d'un bon vinage est l'addition de l'alcool de vin. La quantité à ajouter doit être aussi l'objet d'une observation. C'est une erreur de croire qu'elle est illimitée. On doit améliorer les vins en ajoutant fort peu d'alcool, deux ou trois litres par hectolitre suffisent.

Quelques négociants et fabricants emploient l'alcool comme moyen d'arrêter les fermentations. Maumené en signalant ce fait dit que ce n'est point à l'alcool, dont les effets sont nuls, qu'il faut attribuer cette particularité, mais aux substances qu'il tient en dissolution.

Le vin de raisins secs, bien fait, se mélange facilement avec *tous* les vins.

Pour bonifier certains vins légèrement *piqués*, quelques fabricants ont essayé de les couper avec des vins encore doux. Les résultats, du reste, faciles à prévoir, ont été la perte complète de ces vins.

Le chauffage, quand le mal n'est pas très avancé, peut apporter de sérieuses bonifications au vin *piqué*.

Le but des vins de raisins secs est de suppléer à ceux de raisins frais, dont le phylloxera cause la disette.

A cet effet, ils servent généralement à couper les vins rouges de vendanges, et à augmenter le stock de vin dont le commerce a besoin.

Le vin de raisins secs peut, sans doute, servir au coupage de tous les vins. Cependant quelques-uns de ces mélanges donnent des résultats meilleurs.

Je vais signaler aux fabricants ceux qui me paraissent offrir les plus sérieuses garanties.

Dans le Languedoc et dans le Var, les vins, bien rouges et francs de goûts, se *marient* de la manière la plus parfaite avec les vins de raisins secs. Certaines qualités de vins rouges supportent, même facilement, 50 pour 0|0 de vins de raisins secs, sans qu'il soit possible à la masse des connaisseurs de reconnaître ce coupage.

Certains vins du Var, de Brignoles, Pierrefeu, supportent avec la plus grande facilité l'addition des vins de raisins secs. Bien plus, j'ai remarqué qu'un coupage fait dans les conditions que je cite, est un moyen magique de transformer la qualité des vins de ce pays et de les rendre délicieux. Mon assertion, qu'il est facile de contrôler, repose sur un fait très connu : Les vins du Var, forts en couleur et en degrés, apportent avec eux un goût de terroir qui leur est nuisible, dans certaines contrées habituées aux vins presque neutres de l'Aude. Avec le coupage du vin de raisins secs, ce goût disparaît complètement et fait place, plutôt à un bouquet pro-

venant de la fusion de ces qualités bien différentes de vins : les vins du Var et les vins
de raisins secs.

Leur coupage, avec ceux du Languedoc et
du Roussillon, a créé un vin spécial sous la
dénomination vague de *vin d'Aramont.*

Il existait, dans l'Hérault, surtout avant le
désastre occasionné par la terrible maladie,
d'immenses propriétés complantées en vignes
de raisins d'Aramont. La nature des terrains, généralement plaines et marécages,
formait là, de véritables réservoirs à vin.

La qualité produite par ces fruits, était la
plus ordinaire ; ces vins étaient faibles en
couleur et en degré, mais la quantité com-
pensait la qualité. C'est là où le commerce et
l'industrie puisaient pour leurs besoins. Les
négociants les employaient pour leurs coupages avec les *gros* vins rouges, les distilla-
teurs, pour en retirer l'alcool et faire du 3|6.

C'est pour répondre à ces divers besoins,
que le commerce a produit la combinaison
des vins de raisins secs coupés légèrement

avec des vins rouges du Languedoc et du Roussillon, combinaison à laquelle il a donné le nom de *vin d'Aramont* c'est-à-dire petit vin.

Depuis quelques années déjà, cette qualité de boisson a trouvé un débouché considérable dans toute la France. Cela a permis aux populations laborieuses de boire encore du vin, ce qui ne serait pas arrivé, en présence du manque de récolte, si les vins de raisins secs n'étaient venus avec tant d'opportunité, apporter leur précieux appoint.

Les vins rouges d'Espagne et d'Italie, exigent des qualités particulières, pour être mélangés sans danger pour leur conservation avec ceux de raisins secs.

La plupart de ces vins gardent un principe de liqueur, qui peut, à la suite de leur coupage avec les vins de raisins secs, engendrer de nouvelles fermentations.

Je conseillerai aux fabricants qui se disposent à employer de ces vins, à ne se servir que des qualités qui offrent le plus de garanties de conservation. Ces garanties sont : la verdeur et la franchise de goût. Je vise par ce dernier point, principalement les vins d'Italie, dont quelques uns, originaires des environs de Naples, apportent avec eux un goût de terroir très défectueux. Les terrains dans lesquels poussent la vigne, composés en grande partie de laves, procurent au liquide alcoolique un goût sulfureux qui ressort avec force dans les coupages.

Pour faciliter le *mariage* des vins et être certain du succès d'un coupage, le fabricant doit toujours coller les vins mélangés.

Comme on le voit, il est permis, sans trop de peines, d'employer les nouveaux vins et d'obtenir de bons résultats.

Cela m'amène, naturellement, à parler de la coloration des vins de raisins secs.

J'ai déjà fait part à mes lecteurs, au commencement de ce traité, de l'impossibilité de colorer les vins de raisins secs en rouge, avec leurs propres moyens. Je suis convaincu que la science trouvera, et peut-être bientôt, le moyen de faire revivre la couleur qui doit, à mon avis, demeurer insoluble dans la pellicule.

En attendant ce progrès, qui sera la confirmation indiscutable de cette boisson, je vais passer en revue, signalant tous les dangers, les moyens de colorations que quelques propriétaires ont employés pour donner une meilleure apparence au vin qu'ils ont fabriqué.

L'**unique** colorant autorisé par la loi pour le vin de raisins secs, le seul dont l'emploi soit sans danger, est : le raisin ou le vin *teinturier;* c'est-à-dire les raisins ou vins très rouges du Midi de la France.

A l'époque de la vendange, on peut colorer avec les raisins, les vins de raisins secs, en les mélangeant dans la cuve à fermenter.

J'ai parlé longuement de la coloration, par les vins rouges, dans le passage que j'ai consacré au coupage. Je n'y reviendrai donc pas. Je signalerai seulement aux fabricants le fait suivant : Le vin de raisins secs se colore avec

la plus grande facilité, quand les vins de
vendange, qu'on emploie, ont une couleur
vive ; 10 litres par hectolitre, de beau vin
rouge, suffisent pour colorer le vin blanc de
raisins secs.

Un grand nombre de négociants ont tiré
parti de ce fait, et à l'inverse de la donnée
qui précèdent, vident 10 litres de vin de raisins secs, par hectolitre, dans leur vin rouge.
Cette addition est bien difficile à reconnaître.
car le goût et la teinte ne changent qu'imper-
ceptiblement.Cela constitue un sérieux et réel
bénéfice, sans qu'il soit un instant possible
de les incriminer : le degré, le goût et la couleur ne changeant pas.

Malheureusement, quelques commerçants
oublient que la loi défend et punit toute coloration artificielle. C'est la tromperie sur la
marchandise vendue qui fait la base du délit.
La science, les jugements et les journaux
nous ont fourni la liste à peu près complète
des colorants dont on a voulu faire usage
frauduleusement, et qui tous ont des moyens

faciles de reconnaissance. On a objecté que les teintures végétales se dérobaient facilement aux recherches ; c'est une erreur dont il est facile de donner la preuve.

La conclusion est par conséquent qu'il n'existe qu'un mode légal de coloration pour les vins blancs de raisins secs ou autres. C'est : le coupage par le raisin ou le vin *teinturier*. La chimie est arrivée aujourd'hui, par des moyens plus ou moins faciles, à découvrir la nature de presque tous les colorants végétaux et minéraux. Ils n'offrent pas cependant tous, le désavantage de nuire à la santé; quoique complètement prohibés dans le commerce, chacun peut particulièrement en faire l'usage qui lui convient.

De cette catégorie sont les fleurs de *mauve noire* ou *roses tremières* (*Althœa rosea*), les baies de *sureau*, etc. Ces divers colorants s'obtiennent en les faisant bouillir avec de l'eau; on laisse refroidir et on verse dans le vin en fixant la couleur avec de l'acide tartrique.

Je ne citerai que pour les blâmer et en rejeter tout l'odieux sur ceux qui les emploient, les véritables poisons dont quelques négociants, peu scrupuleux, se sont servis parfois pour donner des couleurs à leur vin, ce sont : la *fuchsine*, le *carmin*, la *cochenille*, le *sulfate d'indigo*, les *baies de Myrtille*, d'*Hièble*, de *Portugal* (*Phytolacca decandra*) etc., etc.

La plupart de ces colorants contiennent de l'arsenic ou de l'alun pour les fixer dans le vin ; quelques-uns, tels que l'hièble et le Phytolacca, contiennent des sucs purgatifs ou drastiques.

Tous ces colorants se reconnaissent facilement dans les boissons alcooliques et la nomenclature des moyens à employer pour déceler leur présence, serait trop longue si je voulais la publier ici. J'offre, du reste, bien volontiers de répondre à mes lecteurs toutes les fois que de nouveaux renseignements leur seront nécessaires.

## CHAPITRE XXIV

## Aperçu général sur les raisins secs et leur vin

Les raisins secs ne servent pas seulement à produire des vins. Certains industriels fabriquent avec eux du *sirop* et du *sucre de raisin*, des *vins d'imitation*, certains spiritueux, etc.

On obtient le sirop de raisin sans difficulté, en retirant le moût, qui est dans la partie la plus basse de la cuve à fermenter, 24 heures environ après la mise des raisins et de l'eau. Ce moût donne à l'aréomètre 25 à 28° de liqueur. On le fait réduire par l'ébullition au bain-marie, jusqu'à ce qu'il atteigne 32°, en ayant soin de jeter dans la bassine ou chaudron, un blanc d'œuf battu, par 15 litres de liquide, pour clarifier le sirop. Cette clarification consiste à écumer, quand le liquide boût, toutes les impuretés contenues dans le moût.

Le sirop ainsi obtenu est d'une très grande utilité pour la fabrication des vins d'imitations, de certains liquides spiritueux, tels que : le Vin de Malaga, les bitters, etc., etc.

La fabrication du *sucre de raisins secs* ne peut seulement qu'être mentionnée dans ce traité. Le développement que comporte sa description, m'entraînerait dans les détails qui n'intéresseraient qu'une faible partie d mes lecteurs. Je signale cependant, d'après Edouard Kahn de Francfort, cette innovation, à nos chimistes industriels, afin qu'ils étudient de près cette question qui me paraît assez importante.

Les vins de raisins secs, dont je viens de décrire la fabrication au moyen des procédés les plus connus et les plus certains, peuvent être pour le plus grand nombre de personnes qui se livreront à ce genre d'industrie, une source de revenus nouveaux, en faisant avec eux des vins d'imitations : Aucun vin n'est aussi apte à recevoir des *bouquets* et des *arômes*.

Avec le vin de raisins secs on peut imiter et obtenir, à un degré de ressemblance extraordinaire (1) des vins de Malaga, Madère, Xérès, Porto, Muscat de Frontignan, etc., etc.; on fabrique le vermouth avec eux ; les eaux-de-vie, que l'on retire, sont d'un goût exquis et peuvent rivaliser nos meilleures eaux-de-vie de Cognac (2).

Les applications multiples de vins de raisins secs que je cite ici, ne reposent pas sur des suppositions, comme pourraient le penser quelques-uns de mes lecteurs. J'ai tenu à

---

(1) On obtient les divers parfums, en mettant à infuser ou en versant directement dans le vin : du sirop, du brou de noix, du jus de framboise, de la fleur de sureau, des écorces d'amandes, etc., etc., suivant les produits que l'on veut obtenir.

(2) Je prie le lecteur de se reporter à la fin de ce chapitre où se trouve mon nouvel appareil breveté pour la fabrication immédiate à chaud des bitter, vermouth, vins infusés, bouquetés, etc.

*(Notes de l'auteur)*.

avoir un témoignage irréfutable à opposer aux dénégations. C'est celui du jury gouvernemental du concours régional de Marseille, (mai 1879) auquel toutes ces imitations ont été soumises. Après une dégustation sérieuse et approfondie de ces vins, comparés aux vins de raisins frais, le jury a reconnu leur supériorité en demandant pour eux, à Son Exc. M. le Ministre de l'Agriculture et du Commerce, une médaille de bronze.

Me voici maintenant arrivé à la fin de mon œuvre. En envisageant d'une manière générale cette industrie naissante, je songe aux modifications immenses que la science lui apportera, j'en suis convaincu, sous peu de temps. A peine ses recherches commencent-elles, que déjà elle se préoccupe des moyens à employer, pour rendre d'une manière parfaite aux vins de raisins secs, la couleur, les sels, les acides, etc., que l'opération de la dessiccation a neutralisé dans les raisins. D'un autre côté, quel parti important ne pourrait-on pas tirer, soit pour la marine, soit pour les

approvisionnements des villes de guerre et des
forts, de la faculté qu'ont ces raisins secs, de
se conserver; 100 kilogrammes de ces fruits,
facilement transportables, représentent 300
litres de vin ou mieux 50 à 80 litres d'eau-
de-vie.

Pourquoi le gouvernement n'emploierait-il
pas cette ressource réellement incontestable,
qui peut rendre à un certain moment, à nos
braves soldats, la force, l'énergie et le cou-
rage pour vaincre ?

La fabrication du vin avec des raisins secs
comme je l'ai démontré, s'obtient d'un grand
nombre de moyens différents.

Le fabricant puisera, dans ce traité, les
idées qui lui seront les plus particulièrement
nécessaires.

Je crois avoir rempli la promesse que
j'avais faite en commençant cet ouvrage.
Loin de m'appesantir sur le côté purement
scientifique de la question qui nous occupe,
j'ai cherché à appliquer à la pratique, d'une
manière générale et facile, ce que la théorie

pouvait contenir de précieux pour elle. C'est pourquoi, et à mon grand regret, me suis-je souvent arrêté pour ne pas dévier de la route que je me suis tracée. J'ai placé immédiatement après ce chapitre, sous forme d'appendice, la circulaire administrative de M. Audibert, conseiller d'Etat, directeur général des contributions indirectes, réglementant la fabrication des vins de raisins secs.

Mes lecteurs y trouveront également mes réponses à M. le Ministre de la Justice, adressées au nom des fabricants, enfin les documents se rattachant à la fabrication.

## FIN.

# APPENDICE

*Circulaire de M. le Directeur général des Contributions Indirectes* (1).

---

Paris le 4 septembre 1879.

La fabrication des piquettes, qui a été pratiquée de tout temps, n'offrait autrefois d'importance que dans les années de mauvaise récolte ; celle des vins de raisins secs et autres similaires du vin était tout à fait accidentelle et ne portait que sur des quantités restreintes.

Tant qu'il en a été ainsi, l'Administration s'est bornée à adresser au service des localités où ces sortes de boissons étaient produites, les recommandations nécessaires pour que l'impôt fut assuré à leur égard Les fabrications dont il s'agit, ont pris aujourd'hui une grande extension, il devient, dès lors, indispensable de définir et de réglementer d'une manière géné-

---

(1) Cette circulaire, que j'ai relatée tout au long dans mes premières éditions, a été en partie rapportée par une seconde circulaire parue au mois d'août 1880. C'est pourquoi j'ai supprimé, pour plus de clarté, les anciens paragraphes visant l'ordonnance de M. le Garde des Sceaux, ordonnance aujourd'hui également rapportée.

rale, le régime qui doit leur être appliqué. Tel est l'objet de la présente circulaire.

Au point de vue fiscal, la régie n'établit aucune distinction entre les vins de raisins secs, les piquettes et les vins de vendanges.

D'après une jurisprudence constante (*arrêté des 2 avril 1813 et 16 janvier 1816; décisions des 21 mai 1817 et 25 novembre 1818; circulaire n° 223 du 2 novembre 1877*), elle impose comme vin toute boisson qui, par sa nature, sa dénomination et l'usage auquel elle est destinée, affecte le caractère propre au vin. C'est ainsi qu'elle taxe comme vins les vins d'oranges, de betteraves, de fraises, de framboises, qui par leur composition, diffèrent bien plus des vins de vendanges que les piquettes et les vins de raisins secs.

A cet égard, aucune difficulté ne saurait donc exister. Les piquettes, les vins de raisins secs, tous les similaires du vin, sont passibles de l'impôt au même titre que les vins de vendanges.

Deux arrêtés récents de la Cour de Paris, en date du 12 juillet 1879, viennent d'ailleurs, donner à cette interprétation de la loi, un nouveau caractère d'autorité. Ces arrêts, sans vouloir décider si le liquide soumis à l'appréciation de la Cour, est ou n'est pas du vin proprement dit, ont jugé : « qu'il constituait une « boisson vineuse destinée à la consommation, « et que l'intention du législateur a été d'at- « teindre tout liquide fermenté et tiré du raisin

« et pouvant servir de boisson. » Les conclusions de la Régie ont été, en conséquence, adoptées contrairement aux prétentions des préparateurs des vins de raisins secs, et les prévenus ont été condamnés pour avoir fabriqué, sans déclaration, des boissons imposables.

Il résulte de cette jurisprudence, que toutes les dispositions législatives afférentes à la tarification, à la vente et à la circulation des vins de vendanges, sont applicables aux piquettes, aux vins de raisins secs et aux similaires du vin.

## LICENCE

Nul ne peut notamment se livrer à la vente de ces sortes de boissons s'il n'est préalablement muni d'une licence, soit de marchand en gros, soit de débitant, suivant qu'il vend en gros ou en détail, et les obligations générales imposées aux marchands en gros ou aux débitants, lui deviennent alors applicables. Il n'y a à cet égard, que l'exception spécifiée plus loin concernant le récoltant qui vend en gros des piquettes fabriquées avec des marcs de sa récolte.

Je vais passer en revue les règles spéciales relatives à la fabrication de ces produits, à la tenue des comptes et à la surveillance qu'il convient d'exercer chez les marchands en gros, chez les débitants, les récoltants et les simples particuliers.

## Marchands en gros se livrant à la fabrication des vins de raisins secs, piquettes, etc.

L'article 100 de la loi du 28 avril 1816 dispose qu'il sera tenu pour les boissons en la possession des marchands en gros un compte d'entrée et de sortie, et que le compte des entrées sera réglé d'après les congés, acquits ou passavants que les marchands en gros sont obligés de représenter. Il suit de là que la loi n'autorise au domicile des marchands en gros aucune opération de nature à augmenter leurs entrées, et que tout accroissement de charges qui n'est pas justifié par la représentation d'une expédition constitue une contravention et peut donner lieu à la saisie des quantités irrégulièrement introduites. En fait, c'est interdire d'une manière générale aux marchands en gros la faculté de fabriquer. L'administra-n'entend pas appliquer cette interprétation rigoureuse, mais elle se trouve, par suite de la disposition législative qui vient d'être rappelée, autorisée à prendre les précautions qu'elle juge indispensable pour garantir la perception de l'impôt sur les boissons fabriquées par les marchands en gros.

Le droit de la Régie, à cet égard, est d'ailleurs corroboré, dans les villes d'une population de quatre mille âmes et au-dessus, par les prescriptions de l'article 17 de la loi du 25 juin 1841, qui place expressément sous la surveillance des employés des contributions indirectes toutes les fabrications opérées à l'intérieur. Cet article stipule que toute personne qui récolte, fabrique ou prépare dans l'intérieur d'une ville sujette au droit d'entrée des vins, cidres, poirés, hydromels, alcools ou liqueurs, est tenue d'en faire la déclaration au bureau de la régie et d'acquitter immédiatement le droit, si elle ne réclame la faculté d'entrepôt.

## Déclarations de fabrication

Ainsi, en vertu de l'article 100 de la loi du 28 avril 1816, dont l'application est générale dans les campagnes et dans les villes sujettes, et, en outre, par suite des prescriptions spéciales aux villes sujettes de l'article 17 de la loi du 25 juin 1841, tout marchand en gros qui veut se livrer à la fabrication des piquettes et des vins de raisins secs doit, pour ne pas se mettre en contravention et éviter la saisie des produits qu'il se propose de fabriquer, faire une déclaration préalable de fabrication.

L'article 17 de la loi de 1841 veut que dans les villes sujettes, la déclaration précède de 12 heures la première fabrication de l'année. Dans les mêmes localités, la déclaration obligatoire pour chaque fabrication ultérieure sera faite également 12 heures à l'avance. Dans les campagnes le délai sera d'au moins 24 heures. La déclaration de fabrication sera reçue à la recette buraliste au registre n° 14 ; elle indiquera :

1° La date et l'heure du commencement de la fabrication ; celle de la fin de la fabrication ou de l'entonnement ;

2° Le poids ou le volume, ainsi que la nature de chacune des matières qui seront mises en œuvre ;

3° Le volume total des quantités mises en fermentation ;

4° Par approximation, la richesse alcoolique du produit après la fabrication.

5° La quantité de boissons qui sera fabriquée.

### Prise en charge des quantités déclarées.

Lorsqu'il s'agit d'alcools ou de vins de vendanges, il est admissible que le fabricant éprouve des difficultés à faire une déclaration préalable énonçant exactement la quantité qui sera produite ; il n'en est pas de même lorsqu'il s'agit de vins de raisins secs, puisqu'ici le fabricant connaît le volume d'eau qu'il se propose de verser sur les fruits. En conséquence, le rendement déclaré et enregistré au registre n° 14 déterminera par son intégralité le montant de la prise en charge.

Cette prise en charge ne sera atténuée que sur des justifications que l'administration se réserve d'apprécier. Le cas échéant, les directeurs se saisiront de ces questions sous le timbre de la 1re division. La quantité exprimée dans la déclaration primitive pourra toutefois être accrue par une déclaration supplémentaire si, dans le cours de son travail, le fabricant reconnaît qu'il a imparfaitement prévu la densité des sirops ou la force alcoolique du produit fermenté, et que celui-ci comporte une plus forte addition; le n° 14 recevra à cet effet une nouvelle inscription modificative de la précédente.

### Rendement et force alcoolique.

Le rendement effectif peut varier selon la qualité des matières premières employées, selon la saison pendant laquelle la fabrication a lieu, et suivant la destination du produit. D'après les données généralement admises, 100 kilog. de raisins secs produisent, en moyenne, 3 hect. de vin dont la richesse alcoolique varie de 5 à 12 degrés, suivant le mode de fabrication et la qualité des fruits. Si d'après ces indications, les buralistes considèrent la déclaration comme exacte, ils la reçoivent purement et simplement. ; si, au contraire, la déclaration est manifestement insuffisante, ils doivent la discuter. Dans le cas où malgré les observations le fabricant maintiendrait sa déclaration, cette déclaration serait enregistrée; mais alors le buraliste informerait immédiatement le service, qui prendrait les mesures de surveillance nécessaires pour assurer la prise en charge de l'intégralité des fabrications.

### Tenue des comptes, compte de fabrication.

Il est ouvert à chaque marchand en gros, fabricant, au registre portatif n° 504 :

Un compte général de fabrication ;

Le compte de la fabrication produira à la page des entrées les indications fournies par le fabricant dans sa déclaration au registre n° 14 en ce qui concerne le poids et le volume des matières premières, le volume des quantités mises en fermentation, le degré alcoolique et la quantité des boissons qui seront fabriquées. Cette dernière quantité sera celle qui sera prise en charge. On y ajoutera ultérieurement, dans les conditions indiquées plus bas, les excédants reconnus par le service aux cuves de fermentation, à l'entonnement ou dans les inventaires.

Les décharges comprendront les quantités de vins qui, après l'achèvement de chaque fabrication, seront prises en charge au compte définitif.

Les excédants reconnus au compte de fabrication dans les inventaires et recensements prescrits précédemment seront saisis par procès-verbal comme doit l'être tout excédant constaté chez un marchand en gros. En outre ces excédants seront ajoutés aux charges du compte.

Toutefois, dans le cas, où il s'agira seulement d'une différence en plus représentant au maximum 5 p. 0/0 du total des fabrications décla-

rées et prises en compte depuis le dernier re-
censement et si les employés ont lieu de croire
qu'il y a eu réellement erreur d'évaluation de
la part du fabricant, le service s'abstiendra de
verbaliser et de saisir et se bornera de prendre
l'excédant en charge.

### Manquants.

Tous les manquants constatés seront inscrits
en sortie au compte de fabrication et pris en
charge.

S'il s'agit d'accidents, les fabricants seront
avertis que l'administation n'accordera la
décharge des quantités perdues, qu'autant que
les employés auront été mis à même de le
constater.

### Eaux de vie employées à la fabrication des vins de raisins et autres similaires.

Aucune franchise de droit n'est actuellement
accordée pour les alcools versés sur des vins
(article 5 de la loi du 8 juin 1864); en conséquence, les eaux de vie qui serviront à la fabrication des vins factices ne seront pas portées
en décharge ; elles ressortiront en manquants
et seront passibles des droits dans les conditions générales.

### Distillation des vins de raisins secs, etc.

Si des marchands en gros, fabricants de similaires de vin se livraient à la distillation de

leurs produits, ils seraient nécessairement
soumis à la législation spéciale aux distillateurs
de profession et à toutes les obligations imposées par les règlements pour les assujettir à
cette catégorie.

### Débitants se livrant à la fabrication des vins de raisins secs, piquettes, etc.

Les piquettes et les vins de raisins secs sont
passibles du droit de détail ou de taxe unique
éditées pour les vins.

Aux termes de l'article 53 de la loi du
28 avril 1816, les débitants ne peuvent introduire des boissons dans leurs domiciles, caves
ou celliers, qu'en vertu des congés, acquits ou
passavants. Cette disposition est applicable
aussi bien aux débitants des villes sujettes
qu'aux débitants des campagnes.

Ils ne peuvent donc accroître leurs charges
d'une manière qui n'a été ni prévue ni autorisée par la loi. Toutefois, ici encore, l'administration tolère les fabrications, à la condition
que l'assujetti fasse les déclarations préalables,
et place sous la main de la régie, l'intégralité
des produits obtenus. Ces déclarations seront,
comme celles des marchands en gros, reçues
au registre n° 14. Dans les villes soumises au
droit d'entrée, l'obligation d'une déclaration
préalable résulte d'ailleurs des termes formels
de l'article 17 de la loi de 1841, comme il a été
expliqué à l'occasion des marchands en gros.

Chez les débitants exercés, la prise en charge des vins de raisins secs, piquettes, etc., sera faite au compte ordinaire, soit en vertu d'expéditions pour les quantités reçues du dehors, soit en vertu d'un acte motivé et relatant la déclaration inscrite au n° 14 pour celles qui seront fabriquées sur place.

Chez les abonnés, la prise en charge aura lieu dans les mêmes conditions au portatif n° 115. Le service ne devra pas manquer d'assister à tous les entonnements, afin d'empêcher que les excédants de fabrication ne servent à couvrir ces manquants, et que l'abonné ne puisse ainsi fausser les bases de l'abonnement suivant.

Chez les débitants exercés et chez les débitants abandonnés, établis dans les villes sujettes au droit d'entrée, les vins fabriqués sur place avec des raisins secs, seront immédiatement soumis au droit d'entrée.

Dans les villes à taxe unique, un compte sera ouvert à chaque débitant fabricant au registre 50 B. On inscrira à ce compte les résultats de la fabrication et de la déclaration. Les débitants seront tenus au fur et à mesure de fabrication, d'acquitter les droits de taxe unique sur les quantités fabriquées, le décompte général sera établi en fin de trimestre et les droits seront inscrits à l'état de produits n° 52–AA (taxe unique).

En cas de déplacements ou de vente, le droit de vente, le droit de circulation est exigible sur les quantités de similaires du vin, mis en mouvement par les débitants, que ceux-ci aient ou non la position de récoltants.

Dans les villes sujettes au droit d'entrée, le récoltant et le simple particulier qui se livrent à la fabrication des vins factices sont tenus suivant la règle générale édictée par la loi du 25 juin 1841 et sauf l'exception relative aux piquettes, rappelée en note à la page 3, de déclarer leurs fabrications et d'acquitter immédiatement la taxe locale (prise en charge et décompte au portatif n° 50-3, constatation du droit à l'état de produit n° 52).

Dans les villes non sujettes et dans les campagnes, les récoltants et le simple particulier qui fabriquent des vins de raisins secs, des piquettes, etc., pour leur consommation personnelle, qui ne les vendent, qui ne les déplacent pas, ne sont pas astreints à faire des déclarations de fabrication.

Mais dans les villes sujettes comme dans les campagnes, la qualité de récoltant n'est acquise qu'au propriétaire qui opère avec des produits provenant exclusivement de sa récolte. Le récoltant peut donc vendre en gros, sans licence, les piquettes fabriquées par lui avec les marcs de ses propres raisins. Il peut aussi déplacer ces piquettes de chez lui en franchise dans le rayon déterminé par l'article 20 du décret du 17 mars 1852. En dehors de ces cas, si en quelque lieu que ce soit, un récoltant livre à la vente en gros ou à la vente en détail, des vins fabriqués avec des raisins secs ou avec d'autres matières premières d'achats, il perd sa qualité de récoltant, devient immédiatement passible de la licence de marchand en gros et de débitant, et doit être assujetti à toutes les obligations générales établies par la loi et aux obligations spéciales indiquées plus haut, en ce qui concerne les marchands en gros et les débitants. S'il déplace des fabrications de cette nature pour les conduire de chez lui, le droit de circulation est exigible, soit en dedans, soit en dehors du rayon déterminé par le décret du 17 mars 1852.

A l'égard de tous les mouvements de vins de raisins secs, piquettes, etc., spécifiés ci-dessus, les prescriptions rappelées, pages 10 et 14, concernant la déclaration exacte de l'espèce et de la qualité des boissons sont pleinement applicables.

### Récoltants distillant les vins de raisins secs provenant de leur fabrication.

Un grand nombre de récoltants ne se livrent à la fabrication des vins de raisins secs ou autres produits similaires qu'en vue de distiller ensuite tout ou partie des produits ainsi obtenus. Il peut y avoir là une production importante d'alcool qui échapperait à l'impôt, si le service perdait de vue les règles applicables en pareil cas ou négligerait d'en assurer l'exécution.

Aux termes de l'article 8 de la loi du 23 juillet 1837, « sont seuls considérés comme bouilleurs de crû, les propriétaires ou fermiers qui distillent exclusivement les vins, cidres ou poirés, marcs et lies provenant de leur récolte. »

Si donc un récoltant livre à l'alambic, des vins fabriqués avec des raisins secs d'achat ou des marcs de cette fabrication, il cesse d'être bouilleur de vin, il devient bouilleur de profession, et il est tenu de se soumettre aux obligations imposées aux redevables de cette catégorie. « Déclaration d'établissements, d'appareils de fabrication, payement de la licence, etc. » Les employés rechercheront activement les récoltants qui se trouveraient dans cette situation et lorsqu'ils seront en mesure d'établir qu'un propriétaire ne brûle pas seulement ses propres produits, qu'il brûle des vins ou des marcs provenant de raisins secs ou d'autres matières premières d'achat, ils n'hésiteront pas à constater le fait par procès-verbal. **Toutefois, avant de procéder par voie de répression, ils avertiront les intéressés des obligations qu'ils ont à remplir.** Ce n'est que quand ceux-ci refuseront de s'y conformer, que, effectuant chez eux une visite dans les conditions déterminées par l'article 237 de la loi du 28 avril 1816, ils feront en sorte de surprendre une distillation clandestine et dresseront procès-verbal. Pour que l'affaire puisse, au besoin, être portée avec succès devant les tribunaux, il sera indispensable que l'acte soit conçu dans des termes précis et concluants.

C'est à l'égard des récoltants ou des simples particuliers que des mesures spéciales de surveillance sont indispensables.

Quand, par suite des informations recueillies, un simple particulier ou un récoltant, sera soupçonné de fabriquer des vins autres que de vendages, ou de se livrer à la distillation des produits spécifiés ci-dessus, les enlèvements pouvant provenir de chez lui, seront l'objet d'une surveillance particulière et, le cas échéant, les employés le mettront en demeure de se soumettre aux dispositions indiquées plus haut au chapitre des récoltants.

J'invite les directeurs et sous-directeurs, et inspecteurs à assurer l'exécution des dispositions de la présente circulaire.

AUDIBERT,

Conseiller d'Etat, Directeur général
des contributions indirectes.

*Circulaire n° 298 du 26 août 1880,*

Appelé sur la demande de M. le Ministre de l'Agriculture et du Commerce, à se prononcer sur la question des vins de raisins secs, le Comité consultatif d'hygiène publique, par un avis en date du 12 janvier 1880, a fait connaître que ces vins renferment les mêmes principes que les vins de vendanges, mais toutefois dans des proportions différentes ; que, mélangés avec ceux-ci, leur usage est sans inconvénient au point de vue de l'hygiène ; que dans cet état de mélange, qui est d'ailleurs celui sous lequel cette boisson est généralement employée dans la consommation, et en raison même de la similitude des principes contenus dans les deux espèces de liquides, la constatation par l'analyse de la proportion de vins de raisins secs ajoutée, présente d'autant plus de difficulté que l'addition de ce vin a été plus faible ; que cette difficulté est une cause d'hésitation pour les experts, et enfin que l'importation en France, sans déclaration d'espèce, des vins de vendange coupée de vins de raisins secs, peut ainsi être tentée, sans qu'on ait toujours les moyens de la réprimer.

En présence d'un avis ainsi formulé, l'administration a pensé qu'il convenait d'abandon-

ner certaines dispositions prescrites par la circulaire n° 272 du 4 septembre 1879, qui sont
gênantes pour le commerce et dont la suppres-
sion ne saurait préjudicier à la constatation de
l'impôt. Elle a décidé en conséquence que dé-
sormais les déclarations de mélanges ne
seraient plus exigées, des négociants, et qu'il
ne serait plus tenu de comptes distincts pour
les vins de raisins secs.

Je vous prie de porter immédiatement cette
décision à la connaissance des intéressés, et
de donner les ordres nécessaires aux receveurs
buralistes, pour qu'ils cessent de recevoir les
déclarations de mélange, et de relater sur les
expéditions, la distinction entre les vins de
vendanges et les vins de raisins secs. Les
comptes spéciaux des vins de raisins secs devront être. immédiatement totalisés, et les
totaux, y compris ceux des multiplications seront reportés au compte ordinaire de vins, par
un acte motivé relatant le numéro et la date de
la présente circulaire.

En dehors de ces deux points spéciaux, il
doit être bien entendu que toutes les autres
prescriptions de la circulaire n° 272 précitée,
demeurent retenues et doivent être rigoureusement observées ; les déclarations de fabrication
comportant l'indication du rendement (volume
et richesse) restent notamment obligatoires. Le
compte de fabrication continuera à être tenu.
Toutefois au lieu d'être reportés à un compte
spécial, les vins de raisins secs achevés et dont

il aura été donné décharge au compte de fabrication, ainsi que les manquants constatés à ce dernier compte, seront inscrits aux charges du compte général des vins.

Comme par le passé le service doit prêter son plus entier concours à l'autorité judiciaire, à cet effet il devra suivre avec attention les fabrications de vins artificiels et se rendre compte des matières utilisées dans les fabrications et des procédés mis en pratique, afin d'être toujours en mesure de fournir les renseignements que les parquets pourraient désirer à cet égard. L'attention des employés devra tout particulièrement s'arrêter sur les opérations des propriétaires récoltants. Il importe de surveiller les arrivages de raisins secs dans les pays vignobles, afin de rechercher si ces raisins ne sont pas employés à la fabrication du vin, soit isolément, soit avec de la vendange, et si les vins qui en proviennent ne sont pas livrés à la distillation. La circulaire nº 272, contient à cet égard des instructions détaillées auxquelles il conviendra de se reporter. Les chefs de service devront veiller à l'exécution des dispositions qui précèdent.

*Signé* : AUDIBERT,

Conseiller d'Etat, Directeur général des
Contributions Indirectes.

# 1<sup>re</sup> LETTRE

**Parue dans les principaux organes vinicoles en réponse à la circulaire ministérielle.**

Marseille, le 7 octobre 1879.

Monsieur le Rédacteur en chef,

C'est aux colonnes hospitalières de votre excellent journal que je viens demander l'insertion de cette lettre ; c'est à sa grande publicité que je recours pour provoquer le redressement d'une injustice inexplicable qui peut, en ruinant une des principales industries naissantes de la France, la priver aussi du principal de ses revenus.

Je veux parler de la récente circulaire de M. le ministre de la justice, flétrissant du nom de falsification et punissant en conséquence les vins fabriqués avec des raisins secs.

Assurément la bonne foi de M. le ministre a été surprise et c'est bien inconsciemment qu'il a envoyé sa circulaire à MM. les procureurs généraux.

Ici, j'en appelle à tous ceux de nos savants en renom qui se sont occupés de l'art de fabriquer le vin ; c'est en les citant que je vais prouver combien M. le ministre a agi à la légère, en détruisant par une simple circulaire le résultat si rarement obtenu par la science : doter le commerce et l'industrie d'une branche nouvelle pouvant, à un moment peut-être bien

proche, indemniser le Trésor des pertes immenses que le phylloxera lui fait subir.

Quand des millions d'hectolitres de vin de
raisins secs sont fabriqués dans notre pays et
bus sans plainte de la part des consommateurs; quand la statistique officielle constate
un excédant dans la recette des contributions
indirectes, bien qu'un tiers de la récolte ait
disparu, que fait le gouvernement? Loin de
reconnaître le service rendu au pays par les
promoteurs de la fabrication de vin de raisins
secs, M. Le Royer les défère aux tribunaux
correctionnels comme prévenus de falsification
et il anéantit du même coup une industrie qui
donnait de si beaux revenus au Trésor.

Le vin fabriqué avec des raisins secs est-il
réellement une falsification, et peut-on même
établir un rapprochement entre cette boisson
et la piquette ?

Tel est le point de départ de la circulaire de
M. le ministre de la justice. C'est cette erreur
énorme que je vais combattre tout d'abord.

M. le Royer sait-il comment ont intitulé
leurs ouvrages les Lavoisier, les Chaptal, les
Thénard, les Gay–Lussac, les Maumené, etc. ?

Ce titre qu'on ne peut changer par aucun
autre est celui-ci :

### L'ART DE FABRIQUER LE VIN

Résumons maintenant l'opinion de tous ces
auteurs.

Le vin, disent-ils, ainsi que presque toutes les boissons, n'étant point l'ouvrage pur et simple de la nature, les mêmes raisins, dans de bonnes ou de mauvaises mains feront, soit une boisson délicieuse, soit un liquide exécrable.

C'est donc un art que la fabrication du vin, et défense est faite, au ministre lui-même, de franchir les portes du laboratoire du fabricant, quand la chimie n'emploie, pour les boissons qui servent à l'alimentation, que des ingrédients (et ils sont nombreux) que la science et le gouvernement ont approuvés.

Nos vins de France ne doivent leur éclatante et impérissable réputation qu'à leur heureuse et savante fabrication.

Voyons maintenant ce que sont ces raisins secs que M. le Ministre traite si dédaigneusement.

Originaires, pour la plupart, du Midi de l'Europe et principalement de la Grèce et de l'Asie-Mineure, c'est eux qui produisent ces fameux vins de Chypre, de Samos, etc..., dont M. le Ministre a dû plus d'une fois savourer le bouquet et le goût exquis, bien qu'ils n'eussent été fabriqués qu'avec des raisins secs.

La conclusion, à tirer de ceci, serait donc que les vins fabriqués en Asie-Mineure, en Grèce, etc., seront reconnus naturels et vrais, alors que les mêmes vins, obtenus de la même façon en France, ne seront considérés que comme de viles falsifications, passibles des tribunaux, et passibles de la prison.

Pourquoi, pourra-t-on alors m'objecter, ces innombrables quantités de raisins nous arrivent-elles séchées et non changées en vins ? Je réponds : Parce que le manque de bras et le défaut de savoir empêchent les populations du Levant de produire même des vins ordinaires.

Entrant dans le cœur de la question qui fait l'objet de sa circulaire à MM. les directeurs des contributions indirectes, je défie M. le Ministre de la justice de citer le principe au nom duquel il stigmatise de l'épithète de « falsifié » le vin de raisins secs.

Voici, d'une manière générale, comment ce vin s'obtient :

Comme pour les vins de vendange, on met dans la cuve d'un cellier, à la température de 15 à 20 degrés, les raisins secs, *qui sont le produit de la vigne* et auxquels la partie aqueuse, qu'on a extrait, par l'évaporation, fait seul le défaut. Je dis la partie aqueuse *seule* car le raisin sec, dont la pulpe durcie forme un préservatif, contient en entier tous les principes : le sucre, le tannin, les acides, les sels, etc, qui constituent les qualités du raisin frais.

Le fabricant n'a donc à rendre à ces fruits que la partie aqueuse qui leur manque. C'est à ses risques personnels qu'il fait des vins plus ou moins bons et alcoolisés, suivant qu'il augmente ou diminue la proportion naturelle de l'eau que possédait le raisin à l'état frais. On foule ensuite et on mène la fermentation comme pour les vins de vendange.

Où est donc, je le demande, la différence
entre cette vendange de toute l'année et celle
de septembre ? Est-ce dans la mise de l'eau
sur les raisins ?

Qu'on ouvre les auteurs fameux que j'ai cités
plus haut : tous reconnaissent d'un commun
accord que la cuve, avant la fermentation vineuse, peut recevoir tous les ingrédients, et ils
sont nombreux, reconnus hygiéniques, inof-
fensifs et susceptibles de rendre la liqueur vineuse meilleure.

Maintenant, peut-on établir un rapprochement entre le vin de raisins secs et la piquette?

Evidemment non. La piquette vendue
comme vin constitue une fraude, un vol manifeste. Pour faire du vin qu'on puisse vendre
comme tel, il faut non-seulement employer la
pulpe du raisin, mais encore les innombrables
matières qu'il contient.

Peut-on dire que l'eau ayant passé sur du
marc de raisin d'où la fermentation vineuse a
extrait tous les principes constituants est du
vin ? non !

La loi, que M. le garde des sceaux semble
avoir oubliée, est pourtant explicite: « Ne sont
considérées comme boissons que : le vin produit
du raisin, le cidre, le poiret, l'hydromel. »

Un mélange d'eau et d'alcool ne peut donc
en rien prétendre au titre de vin. Est-ce
le cas des vins de raisins secs ? Evidemment
non.

Qu'on poursuive donc les fraudeurs qui, sous

le nom de vin, livrent les piquettes au commerce ; qu'on punisse sévèrement toutes les fraudes qui ruinent les bourses et les santés ; mais que M. le Ministre revienne sur sa décision qui tue dans son berceau une industrie précieuse, fournissant aux classes populaires une boisson hygiénique et à bon marché, et assurant au Trésor une source considérable de revenus.

Si vous le permettez, Monsieur le rédacteur en chef, je démontrerai dans une seconde lettre, l'impossibilité matérielle qu'il y a pour les employés du fisc de contrôler la véritable fraude que la circulaire a voulu réprimer ; je prouverai en outre, qu'elle couvre et encourage cette fraude par l'impunité, et que le commerce et l'industrie des vins et spiritueux provenant des raisins secs sont frappés de mort par ladite circulaire de M. le Ministre de la justice.

Agréez, etc.

JOSEPH AUDIBERT,

Créateur en France de la fabrication des vins de raisins secs, médaillé par M. le Ministre de l'Agriculture et du Commerce, Boulevard Chave, 8, Marseille.

## 2⁰ LETTRE

**2ᵐᵒ lettre à M. le Ministre.**

Marseille, le 1ᵉʳ Janvier 1880

*La question des vins de raisins secs.*

Monsieur le Ministre de la justice,

C'est à vous que j'adresse ma seconde lettre, sachant que vous n'avez en vue que la prospérité commerciale et le bonheur de la France.

Au nom de la navigation, du commerce et des classes populaires, je viens vous demander Monsieur le Ministre, de rendre à la fabrication des vins de raisins secs, la liberté dont l'a privée M. Le Royer, votre honorable prédécesseur. Je suis le premier à rendre justice à l'intention qui la lui avait dictée ; mais, ainsi que j'en ai apporté la preuve dans ma première lettre, en date du 7 octobre, et que je me propose de compléter, le remède était pire que le mal.

J'ai dit précédemment, Monsieur le Ministre, ce qu'étaient les vins de raisins secs, et combien ils justifient peu les mesures prises à leur égard. Je vais démontrer l'impossibilité matérielle de contrôle par les employés du fisc, la véritable fraude à laquelle elle donne naissance et qu'elle encourage indirectement, et les pertes que le Trésor subit, la fabrication se trouvant paralysée par ladite circulaire.

1° Les employés du fisc peuvent-ils reconnaître le vin de raisins secs et en déférer aux procureurs généraux, ainsi que le leur a ordonné M. Audibert, directeur général des contributions indirectes, sur l'instigation de M. le Ministre de la justice ? Je réponds : C'est matériellement impossible.

Ma réponse, Monsieur le Ministre, n'est aussi formelle que parce qu'elle s'appuie sur des faits irréfutables.

Voici le premier. « La Chambre de commerce de Marseille a fait faire l'analyse de ces vins sans aucun coupage, et le rapport fait par M. de la Souchère, chimiste expert auprès du tribunal de Marseille, et adressé à la Chambre des députés, conclut à l'identité du vin de raisins secs avec le vin de raisins frais. Bien plus, quelques parties (les plus importantes), telles que la crème de tartre, se trouvent dans des proportions supérieures dans les vins de raisins secs. »

Voici le second fait : « M. Reboul, l'éminent doyen de la Faculté des sciences à Marseille, chargé d'un travail semblable par l'administration, a pris les mêmes conclusions et a fait un rapport très important, dans ce sens, à l'Académie des sciences.

Peut-on exiger que nos modestes et dévoués employés des contributions indirectes découvrent ce que les personnes les plus compétentes dans la science déclarent qu'il est impossible de reconnaître ?

Je parle ici des vins blancs de raisins secs, sans aucun coupage avec du vin de raisins frais.

Dans le cas de coupage, on comprend aisément, Monsieur le Ministre, que leur recherche devient une chimère, et qu'il serait plus facile de reconnaître deux eaux de même source, mélangées dans le même vase, que les deux vins.

2° La fabrication des vins de raisins secs étant paralysée, la fraude est-elle arrêtée ?

Ici je cherche celle qu'a voulu réprimer l'honorable M. Le Royer, dans sa circulaire à MM. les procureurs généraux. Voici, je crois, quel a été son but : Empêcher, sous le couvert du coupage, la consommation d'une boisson qu'il a cru malfaisante et la tromperie sur la marchandise vendue.

Je pense, Monsieur le Ministre, qu'après avoir lu ce qui précède, vous avez dû faire justice de la première supposition. Reste à combattre la seconde et prouver son évidente erreur

Croyez-vous qu'en vendant au consommateur, sur son choix, un vin coupé, franc de goût, aussi hygiénique que le vin de raisins frais, il y ait tromperie sur la marchandise vendue ? Non, car ce n'est qu'après qu'il a dégusté et choisi lui-même le vin qu'on le lui vend. Que demande le consommateur ? Du véritable vin. Quelqu'un peut-il soutenir que ceci n'en soit pas ? le trompe-t-on ?

Et pourtant, que d'autres produits alimen-
taires, aussi importants, la circulaire eût pu
viser, et cela justement. Que sont ces huiles,
soi-disant d'olives que la France en entier, et
surtout le Nord, consomment ? Des huiles
purifiées de coton !

Combien d'autres exemples ne pourrais-je
pas citer. Je comprends, dans cette occasion,
le mot falsification et l'application de ladite
circulaire ; car, en somme, les produits faux
peuvent ressembler aux vrais, mais n'ont point
la même source et justifieraient presque l'épithète de tromperie. Est-ce le cas des vins de
raisins secs ?

Mais maintenant, Monsieur le Ministre, que
j'ai exposé le plus clairement que je l'ai pu
combien la circulaire de votre honorable prédécesseur était funeste à cette industrie naissante, appelée cependant à rendre de si grands
services, en présence des ravages croissants
du Phylloxera, permettez-moi de vous signaler les conséquences désastreuses qu'elle peut
avoir pour le Trésor et la véritable fraude
qu'elle fait naître.

Vous n'ignorez pas, Monsieur le Ministre,
les prix exorbitants que nos vins ont atteint, à
la *propriété*, dans le Midi, à la suite du Phylloxera ; 45 fr. l'hect. est le prix moyen auquel
on peut acheter du bon vin rouge. Or, voici
celui auquel revient le vin, rendu chez le débitant, à Marseille.

Ce tableau sera le plus saisissant exemple
que je puisse faire passer sous vos yeux :

| | | |
|---|---|---|
| Achat............... l'hect. | | 45 fr. |
| Transport de la propriété à la gare voisine, prix moyen. | — | »» fr. 50 |
| Transport du chemin de fer à Marseille....,..... | — | 1 fr. 25 |
| De la gare en ville....... | — | »» fr. 25 |
| Droits d'entrée......... | — | 11 fr. 25 |
| Perte et creux de route... | — | »» fr. 25 |
| Total........ | — | 58 fr. 75 |

Soit, *onze sous 1/2*. Et cependant le vin se
vend en général, à Marseille, 0 fr. 50 cent. le
litre au maximum !

Je m'arrête, Monsieur le Ministre, vous de-
vinez la fraude, la véritable fraude : l'eau. Le
marchand de vin honnête ne sera plus forcé de
mettre cette eau, le jour où il pourra couper,
impunément et sans crainte de la prison, son
vin avec ceux de raisins secs. J'ai cité Marseille ; que serait-ce si je citais Paris, où l'eau
ne remplit même déjà plus les fonctions écono-
miques qu'on lui demande et où on la rem-
place par de véritables poisons.

J'ai promis de démontrer les pertes que la
circulaire fait éprouver au Trésor. Il est facile,
après ce que je viens de rapporter ci-dessus,
de voir le déficit immense que cet état de choses occasionne à la caisse publique ; car toute
cette quantité d'eau, que même les plus hon-

nêtes marchands emploient, ne paie pas de droits. Comme l'a dit si judicieusement le président de la Chambre des députés, M. Gambetta, l'ouvrier, par ce rigoureux hiver, et le pauvre, dont le cœur se resserre aux dures caresses de la neige, veulent et ont besoin de boire du vin, Monsieur le Ministre, ce principal agent de force et de vie de l'homme.

Convient-il de sévir contre ce débitant dont le passé irréprochable plaide pour lui, si, amené à votre barre, il vous répond : qu'il a coupé son vin avec de l'eau, parce que vous punissez aussi sévèrement, sinon plus, les coupages avec du vin de raisins secs regardés comme une véritable falsification.

C'est donc une perte immense et irréparable que le Trésor subit et qui se chiffrera cette année, pour la France, au moins par 40 ou 50 millions, si votre intelligente initiative n'apporte un prompt remède à cet état de choses aussi funeste aux populations ouvrières qu'au commerce vinicole.

Je m'arrête, plein de confiance dans votre justice, Monsieur le Ministre, etc.

Je suis avec respect, Monsieur le Ministre, etc.

Joseph AUDIBERT

Créateur en France, de la fabrication de vins de raisins secs, médaillé par M. le Ministre de l'Agriculture et du Commerce, boul. Chave, 8, Marseille.

### EXPÉRIENCE

*D'une fabrication de vin avec des raisins, de l'eau et du sucre, d'après M. Petiol lui-même.*

« Convaincu que le raisin seul pouvait fournir les éléments d'un liquide qui mérita le nom de vin, c'est sur le fruit de la vigne que j'ai concentré mes expériences, en me proposant pour problème, d'obtenir un liquide en tout semblable au vin extrait par les procédés ordinaires, et ne considérant mon but comme atteint, qu'autant que ce liquide aurait identiquement les mêmes qualités. le même bouquet, la même faculté de s'améliorer en vieillissant.

« La première chose à faire était d'analyser le jus de raisin; il contient ordinairement sur 100 parties du poids 88 à 90 parties d'eau, 9 à 11 parties de sucre (1), une seule partie de tartre, de tannin, de matière colorante de résine ou d'huile essentielle, et d'autres substances, dans des proportions si minimes que toutes ensemble elles ne forment, comme je viens de le dire, qu'environ 1 p. 0/0 du poids.

« Ainsi, l'eau et le sucre forment les 99 centièmes du jus de raisin ; les matières donnant la couleur, le goût spécial, le bouquet ou arôme, particulier de chaque crû, n'entrent dans le vin que pour un centième.

---

(1) Il y a là une erreur ou plutôt un lapsus grave, le jus de raisin contient le double de sucre au moins.

« C'est cependant cette centième partie qui, à vrai dire, constitue le vin, qui les distingue des autres liquides, et qui lui donne, principalement, les qualités diverses qui en font le prix.

« Ce constaté, j'en ai conclu que, pour faire le vin, il serait facile de reproduire les 99 centièmes des éléments qui le composent, l'eau distillée étant partout la même, et le sucre de betterave ou de canne, se transformant par la fermentation ou le contact des acides, en sucre identique à celui qui se trouve dans le raisin ; mes expériences sur le sucrage et la fermentation des vins nouveaux ne m'avaient laissé aucun doute sur ce point.

« Il ne fallait donc plus ajouter au vin et au sucre que les substances diverses contenues dans cette centième partie qui fournit la couleur, le goût, le bouquet. Mais ces substances précieuses caractéristiques, il ne me paraissait pas possible de les chercher ailleurs que dans le raisin, où la nature les a réunies et amalgamées dans des proportions et des conditions que l'art serait impuissant à imiter.

« Je me suis alors demandé si le jus de raisin, exprimé par les procédés ordinaires, avait entraîné, absorbé tout ce que contenait le raisin de ces matières colorantes et aromatiques, s'il n'en restait pas encore dans le résidu solide, la pulpe, la graine, la grappe, dans ce qu'on appelle le marc enfin, si ce qui restait ne pouvait pas encore s'en extraire et être utilisé pour donner de nouveau à de l'eau et à du sucre, parties intégrantes du vin pour 99 centièmes, le goût, l'arôme et les autres qualités du jus de raisin.

« La question ainsi posée, je me mis à la recherche des faits; je reconnus que ces matières, et surtout la plus précieuse, la résine, n'étaient dissoutes et utilisées, par les procédés ordinaires, qu'en très minime partie; la matière colorante, dans les années ou le raisin a mûri pendant la sécheresse, et sous les rayons brûlants du soleil (comme pendant septembre 1855), est en très petite quantité, et forme contre la pellicule des grains de raisin une couche très épaisse, qui ne se dissout qu'en partie par une seule fermentation. Le tartre est la matière qui s'échappe le plus facilement; le tanin est en proportion considérable dans la peau, les pépins et la grappe. Le plus souvent, ces deux dernières matières sont en excès dans le vin, et nuisent beaucoup à son agrément; la proportion du tartre qui est la plus convenable est de 3 ou 4 millièmes.

«Convaincu qu'une partie considérable de ces matières resterait dans le marc, je ne doutai pas qu'il ne fut possible de les utiliser de nouveau, en remplaçant l'eau et le sucre, extraits du raisin, sous forme de jus, par une quantité semblable de ces substances et en provoquant une nouvelle fermentation. La décomposition du sucre et sa transformation en alcool, par la fermentation avec le marc, était pour moi, comme je l'ai déjà dit, un fait acquis d'après mes expériences précédentes.

« Au moment des vendanges de 1854, j'avais l'entière conviction que je pourrais doubler, au moins, la quantité de vin, en ajoutant, soit au moût, soit au marc, une quantité d'eau sucrée égale à celle du jus de raisin.

« Le raisonnement m'avait conduit également à la conviction que ce produit doublé devait se bien conserver, parce qu'il contiendrait en suffisante quantité toutes les substances utiles à la conservation du vin ordinaire, et en moins grande portion celles qui sont la cause de l'altération et de la maladie des vins. Je m'explique :

« Le vin ordinaire contient des ferments en grand excès, et un ferment glaireux qui se trouve près des pépins ; les maladies des vins proviennent généralement de cet excès de ferment, qui (surtout dans les mauvaises années) contient beaucoup d'acide malique, d'une nature albumineuse, qui reste en suspension dans le liquide et qui ne s'enlève qu'imparfaitement par les collages et soutirages. Le vin contenant toujours un peu de sucre, lorsqu'il est exposé à la chaleur, le ferment le fait travailler de nouveau, et amène une fermentation intempestive, très difficile à maîtriser, parce que, dans cet état, la colle n'agit plus. Aussi le vin dans ces conditions, s'altère rapidement et finit par tomber en décomposition, produite par une faible fermentation acétique ou lactique.

« Le vin fait, sur le marc, avec de l'eau sucrée, ne devrait contenir, au contraire que peu de ferment et surtout un ferment sec provenant en grande partie de la peau du raisin, ferment qui s'élèverait encore par les collages, et qui, dans tous les cas, demeurerait en quantité insuffisante pour produire une fermentation nouvelle.

« Passant du raisonnement à l'expérience matérielle, je me mis à l'œuvre en 1854, et le résultat dépassa toutes mes espérances.

« Avec une quantité de raisins de pineaux noirs, qui, par les procédés ordinaires, aurait produit 60 hectolitres de vin, j'en ai fait 285, près de *cinq fois* plus.

« Voici comment j'ai procédé :

« J'ai extrait de la cuve aussitôt après que les raisins furent écrasés, et avant la fermentation, tout le liquide qui a pu sortir : cela m'a fait un vin blanc légèrement teinté, très fin et très bon. J'en ai extrait de la sorte 45 hectolitres (les trois quarts de ce que j'aurais obtenu si j'avais pressé le marc).

« J'ai pesé ce jus de raisin au gleuco-œnomètre : il pesait 13 degrés. Pour amener de l'eau sucrée à la même densité, il fallait 19 kilogrammes de sucre par hectolitre d'eau.

« J'ai remplacé alors, dans la cuve, les 45 hectolitres de jus de raisin pur, par 50 hectolitre d'eau sucrée, à raison de 18 kilogrammes de sucre raffiné par hectolitre. J'ai laissé fermenter, et trois jours après, lorsque la fermentation a été terminée, j'ai tiré de cette même cuve 50 hectolitres de vin rouge ayant une belle couleur.

« Voulant pousser l'expérience jusqu'au bout j'ai renouvelé plusieurs fois l'opération.

« A la seconde, j'ai remplacé les 50 hectolitres par 55 hectolitres d'eau sucrée à 22 kilogrammes, et après fermentation j'ai tiré, au bout de deux jours, la même quantité de vin.

« A la troisième, j'ai mis 55 hectolitres d'eau sucrée à 25 kilogrammes, la fermentation a encore duré un peu moins de deux jours, alors j'ai pressé le marc et j'ai obtenu 60 hectolitres de liquide.

« Au lieu de jeter le marc pressé, je l'ai remis dans la cuve avec 35 hectolitres d'eau sucrée, j'ai laissé fermenter et j'ai retiré 30 hectolitres de liquide.

« Enfin le vin blanc, non cuvé, naturel a été placé dans des futailles remplies, seulement à moitié, et que l'on a achevé de remplir, douze heures après, avec de l'eau sucrée à 18 kilogrammes.

« Sur ces divers liquides, voici les résultats constatés :

« *Fermentation*. — La fermentation a été très forte dans les quatre opérations d'eau sucrée, la première a été la plus longue à s'achever, et la troisième la plus courte.

« *Couleur*. — Des quatre cuvées de vin d'eau sucrée, c'est la troisième qui a le plus de couleur, et la quatrième, celle de marc pressé, qui

en a le moins : la troisième cuve étant plus
colorée que le vin par les procédés ordinaires.

*Alcool*. — J'ai dit que le jus de raisin pesait
13 degrés au gleuco-œnomètre, et que, pour
amener un hectolitre d'eau à la même densité,
il fallait y dissoudre 19 kilog. de sucre. J'ai vé-
rifié que cette eau sucrée au même degré donnait un vin plus alcoolique que le moût, ce que
j'attribue à ce que celui-ci contenait des sels.
En effet, le vin naturel donnait 12 pour 0[0
d'alcool, celui d'eau sucrée à 18 kilog. en
contenait 13 pour 0[0, celui à 22 kilog. 15
pour 0[0 et celui à 25 kil. de sucre 17 pour 0[0.

« *Goût, bouquet*. — Le vin d'eau sucrée est
moins acide, plus vineux, plus moelleux, plus
*présent à boire* (comme disent les marchands),
et a plus de bouquet que le vin naturel ; en un
mot, il est positivement meilleur.

« *Conservation*. — J'ai dit les raisons qui
m'ont convaincu, d'avance, que le vin d'eau
sucrée se conserverait non-seulement aussi
bien, mais mieux que le vin naturel. L'expérience a pleinement confirmé mes prévisions.
Ce vin, est en effet d'une solidité extraordinaire. J'en ai envoyé à la Nouvelle-Orléans, il y est
arrivé en parfait état et a été trouvé bon.

«Aux vendanges de 1855, j'ai renouvellé mes
expériences de 1854, mais cette fois sur une
beaucoup plus grande échelle ; au lieu de 285
hectolitres, j'en ai fait 3,000. J'ai varié mes
opérations, et, sur certaine cuvée, j'ai renou-

vellé l'addition d'eau sucrée jusqu'à 8 et 9 fois, savoir : deux opérations en vin blanc, avant fermentation ; deux en vin rouge fermenté, et quatre ou cinq en vins blancs, plus ou moins colorés. Le ferment a toujours été suffisant pour faire tomber promptement l'eau sucrée, qui marquait 10° à 0°.

« Les personnes qui m'ont demandé et auxquelles j'ai fait connaître, avec empressement, ma manière d'opérer, parmi lesquelles je dois citer mes voisins, MM. Thénard père et fils, célèbres chimistes, ont fait cette année, dans la Saône-et-Loire et dans la Côte-d'or, environ 2,000 hectolitres de vin d'eau sucrée. M. Thénard père m'a assuré que le vin, produit par mon procédé dans l'Auxerrois, était supérieur à celui fait avec des raisins seuls.

« J'ai fait goûter, à beaucoup de personnes, mes vins de 1854, faits avec des raisins de ma propriété de Chamirey, crû de second ordre ; toutes les ont trouvés très bons, et elles n'ont pu distinguer le vin naturel, fait avec les mêmes raisins, de celui fait avec l'eau sucrée.

« Les résultats obtenus pour les vins rouges sont superbes, puisqu'on pourrait tripler la quantité : mais ceux sur les vins blancs, et surtout sur les marcs de blancs, sont encore bien plus merveilleux et amèneront certainement une révolution dans le commerce.

PETIOT.

*Opinion de M. Maumené sur l'expérience*
*de Petiot relatée ci-dessus.*

(1) Ces résultats parlent d'eux-mêmes ; tous les esprits éclairés ne s'en étonneront pas. S'ils pouvaient causer de la surprise, ce serait uniquement parce qu'il a fallu près d'un siècle, depuis Macquer, pour les voir mettre en pratique, aussi sagement, et sur une aussi grande échelle.

Je m'y arrête pour montrer combien ils sont conformes aux principes d'une saine théorie.

(2) D'après les résultats d'une analyse que j'en ai faite, il serait difficile de distinguer le vin ainsi préparé du vin naturel, et les esprits les moins favorables aux imitations du vin ne pourront refuser de convenir que ces vins n'ont au moins rien de dangereux.

L'avenir des vins *raisins-sucreux* est certainement immense. On ne peut voir sans une grande joie, s'étendre une méthode dont les produits augmenteront les ressources de notre principale industrie, celle du vin, remédieront à la pénurie du raisin dans les mauvaises années, et permettront de livrer en tout temps, aux classes pauvres, une boisson saine, peu coûteuse, et aussi exempte que possible de toute sophistication. Le trésor public ne peut que gagner à son extension.

---

(1) Page 485, page 662 (*Traité du Travail des vins*).
(2) Page 487, parag. 673 et 674 (*Traité du Travail des vins.*)

*Opinion émise sur les vins de raisins secs, dans le bulletin du* Laboratoire Agronomique *du 1ᵉʳ mars 1880, par M. Jules Rivière de la Souchère, ancien élève de l'Ecole polytechnique, chimiste-expert auprès du tribunal de Marseille.*

Nous avons eu l'occasion de donner notre opinion sur cette industrie et sur la valeur de ses produits, et n'hésitons pas à lui donner une plus grande publicité.

**Le vin de raisins secs a les plus grands rapports de composition avec le vin ordinaire ou de vendange, il en renferme tous les éléments.**

L'ouvrier pouvant, grâce à ce procédé, trouver une boisson saine et reconfortante, alors que le peu d'abondance des vins de vendange, par suite du phylloxera, ne lui permet pas de se procurer une boisson naturelle et non fraudée, **nous n'y voyons qu'un bienfait de plus rendu par l'industrie.**

La fabrication du vin de raisins secs ne date que de quelques années; des perfectionnements peuvent être apportés dans ses procédés, notamment pour améliorer le goût de la nouvelle boisson, et il n'est peut-être pas impossible de voir revivifier la couleur même qui peut n'être qu'altérée, et non détruite, par la dessiccation.

### Analyse des vins de raisins secs

L'analyse de trois vins de raisins secs a donné les résultats suivants :

| ANALYSE | THYRA | VOURLA | CORINTHE |
|---|---|---|---|
| Titre, Alcool......... | 15 | 12.60 | 14.40 |
| Poids spécifique..... | 1003.96 | 995.56 | 999.96 |
| Extrait sec.......... | 47 14 | 24.37 | 37.45 |
| Cendres ...... .... | 4.73 | 4.19 | 3.51 |
| Matières protéïques.. | 0.27 | 0.10 | 0.16 |
| Glucose............. | 12.65 | 2.75 | 5.45 |
| Gomme............ .. | 24.99 | 11.72 | 16 33 |
| Crême de Tartre... . | 2.20 | 1 10 | 2.40 |

FIN DE L'APPENDICE.

Marseille.— Imp.Gén. J.Doucet, rue Chevalier-Bose, 1.

## DISTILLERIE AMBULANTE

Produisant de 500 à 1.000 litres de 3|6 par 24 heures
hauteur totale maximum 3ᵐ000

## ALAMBIC

### Avec Chauffe - Vin et Réfrigérant

Pour la fabrication des Rhums et Eaux-de-vie.

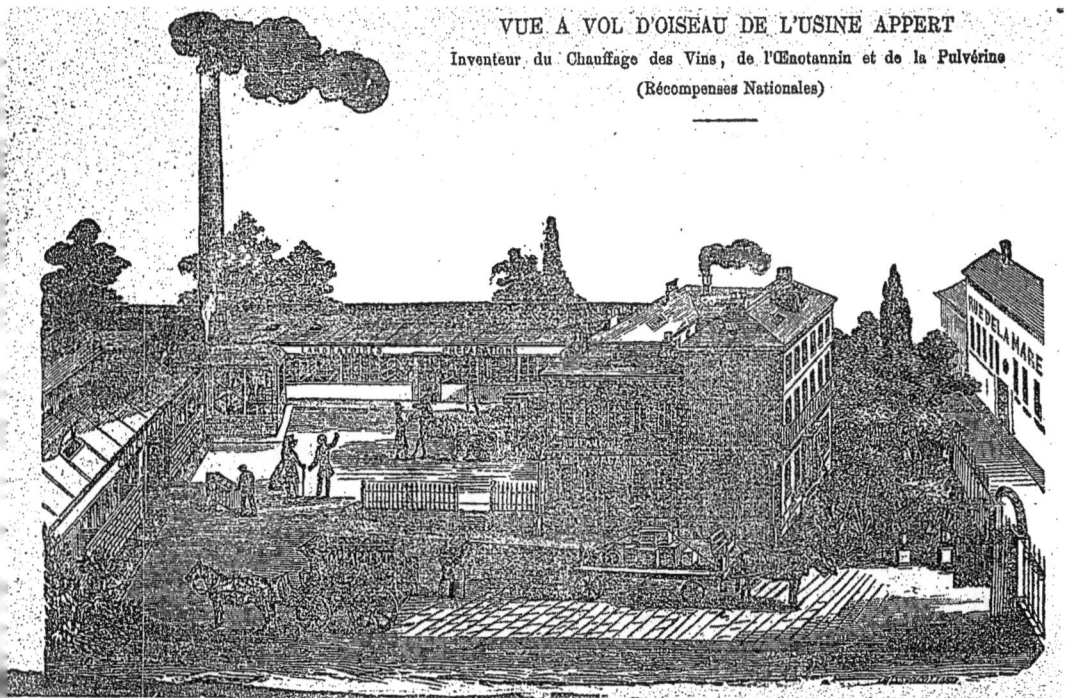

VUE A VOL D'OISEAU DE L'USINE APPERT

Inventeur du Chauffage des Vins, de l'Œnotannin et de la Pulvérine

(Récompenses Nationales)

# TABLE DES MATIÈRES

FIN DE LA TABLE DES MATIÈRES

## Gravures contenues dans cet Ouvrage :

Appareil système J. Audibert et J.-M. Pommier, pour la fabrication mathématique des vins de raisins secs et autres vins.

Appareil pour la fabrication immédiate par infusion et à chaud des Bitter, Vermouth, Vins infusés, bouquetés, etc.. etc., J. Audibert, inventeur.

Vue à vol d'oiseau de la fabrique Appert à Paris.

Appareil de chauffage des vins (système Saint-Joannis).

Alambic pour la distillation des Rhums et Eaux-de-vie.

Alambic pour la distillation des vins et des marcs de raisin.

Alambic à bain marie avec fourneau.

Distillerie ambulante.

Petit appareil à distiller, perfectionné, continu, portatif.

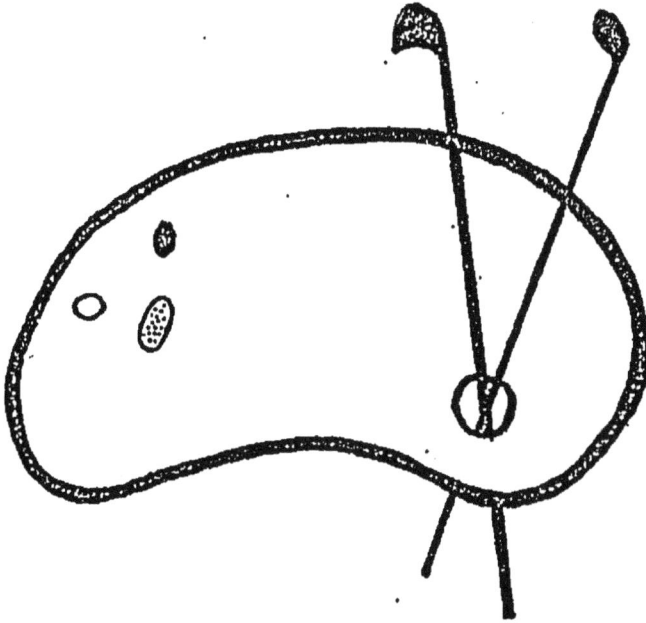

ORIGINAL EN COULEUR
NF Z 43-120-8

www.ingramcontent.com/pod-product-compliance
Lightning Source LLC
Chambersburg PA
CBHW032327210326
41518CB00041B/1380